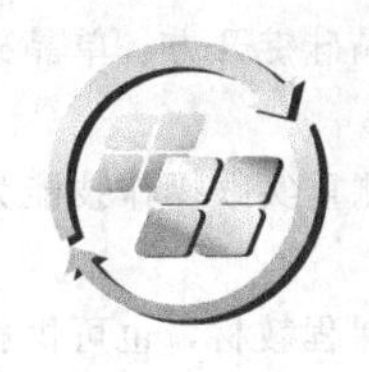

新能源系列 —— 光伏技术应用规划教材

硅片加工工艺

黄建华　廖东进　主　编
张存彪　王森涛　副主编

化学工业出版社
·北京·

本书主要讲解了晶硅硅片加工工艺，主要包括单晶硅棒截断、单晶硅棒与多晶硅锭开方、单晶硅块磨面与滚圆、多晶硅块磨面与倒角，多线切割、硅片清洗、硅片检测与包装等。

本书根据硅片生产工艺流程，采用任务驱动、项目训练的方法组织教学，以侧重实践操作技能为原则，注重实践与理论的紧密结合，以职业岗位能力为主线突出应用性和实践性。

本书适合作为职业院校和成人教育专科层次的光伏发电技术等相关专业核心课程教材，也可供相关企业人员参考学习。

图书在版编目（CIP）数据

硅片加工工艺/黄建华，廖东进主编．—北京：化学工业出版社，2013.8（2023.5 重印）
（新能源系列）
光伏技术应用规划教材
ISBN 978-7-122-17693-6

Ⅰ.①硅… Ⅱ.①黄… ②廖… Ⅲ.①半导体工艺-教材
Ⅳ.①TN305

中国版本图书馆 CIP 数据核字（2013）第 137680 号

责任编辑：刘　哲　　装帧设计：韩　飞
责任校对：宋　玮

出版发行：化学工业出版社（北京市东城区青年湖南街 13 号　邮政编码 100011）
印　　装：北京科印技术咨询服务有限公司数码印刷分部
787mm×1092mm　1/16　印张 12¼　字数 288 千字　　2023 年 5 月北京第 1 版第 6 次印刷

购书咨询：010-64518888　　售后服务：010-64518899
网　　址：http：//www.cip.com.cn
凡购买本书，如有缺损质量问题，本社销售中心负责调换。

定　　价：36.00 元　版权所有　违者必究

前言

据预测，光伏发电在21世纪会占据世界能源消费的重要席位，不但要替代部分常规能源，而且将成为世界能源供应的主体。目前世界光伏产业以31.2%的年平均增长率高速发展，位于全球能源发电市场增长率的首位，预计到2040年光伏发电将占世界发电总量的20%以上，到2050年，光伏发电将成为全球重要的能源支柱产业。目前，世界95%的光伏电池为晶硅电池，硅片加工约占晶硅电池组件成本的50%，如何降低硅片的成本及提高硅片的质量起到至关重要的作用。

本教材紧密对接硅片加工岗位，以单晶硅片及多晶硅片加工工艺为主线，按照硅片加工企业操作流程，将硅片加工工艺设计成八个项目，并将操作要点设计成不同的任务进行编写。首先对硅片加工工艺做了完整的概述；然后详细讲解了单晶硅棒截断，单晶硅棒与多晶硅锭开方，单晶硅块磨面与滚圆，多晶硅块截断、磨面及倒角，多线切割，硅片清洗，最后讲解了硅片检测与包装。

本书可作为高职高专光伏发电技术及相关专业的教材，同时可作为企业对员工的岗位培训教材，也可以作为相关专业的工程技术人员的参考书。

本书由湖南理工职业技术学院黄建华、衢州职业技术学院廖东进主编，湖南理工职业技术学院张存彪、山西潞安太阳能科技有限责任公司王森涛担任副主编。具体编写分工为：项目一、二、五由张存彪编写，项目三由廖东进编写，项目四、八由济南工程职业技术学院张培明老师编写，项目六由黄建华编写，项目七由王森涛编写。全书由黄建华统稿，由湖南理工职业技术学院罗先进教授主审。

本书的编写得到了湖南省、江西省、江苏省、浙江省、江西省等光伏企业的大力支持，在此表示诚挚的谢意。

由于编者水平有限，书中会有不少不足之处。诚恳欢迎读者批评指正，编者将在今后的工作中不断修改和完善。

编者

2013年5月

目录

项目一

硅片加工工艺概述

[项目目标]

(1) 了解硅材料的基本性能。
(2) 掌握单晶及多晶硅片加工的完整工艺顺序。
(3) 熟悉硅片切片工艺的岗位技能要求。

[项目描述]

随着光伏行业的快速发展，各种材料的光伏电池迈入人类的视野，但光伏行业仍然是以晶硅材料为主。硅片是光伏电池成本的主要组成部分，硅片在加工过程中会造成大量的损耗，所以它的加工工艺引起广泛关注。

通过本项目的学习，使学生掌握硅材料的性能，并系统掌握硅片加工工艺，最后从切片工艺岗位技能要求入手，使学生明确自己的学习目标。

任务一　认识硅材料的基本性能

[任务目标]

(1) 熟悉硅材料在地壳中的基本状态。
(2) 掌握硅材料的物理性质。
(3) 掌握硅材料的化学性质。

[任务描述]

晶硅电池在光伏电池中占据主导地位，与硅材料的含量及物理、化学性能是密不可分的。本任务将学习硅材料的含量、分布、物理性能、化学性能等知识。

[任务实施]

1. 硅在自然界中的存在形式及状态

(1) 硅材料的来历

最早获得纯硅是1811年由哥依鲁茨克和西纳勒德通过加热硅的氧化物而获得的。硅的性质1823年由波茨利乌斯描述，定名为元素硅（Si）。1855年由德威利获得灰黑色金属光泽的晶体硅。高纯硅由贝克特威通过 $SiCl_4+2Zn = 2ZnCl_2+Si$ 方法获得。

(2) 硅在自然界中的含量

硅是自然界分布最广的元素之一，是介于金属和非金属之间的半金属。硅为世界上第二丰富的元素，占地壳含量的1/4。硅在地壳中的丰度为27.7%，在常温下化学性质稳定，是具有灰色金属光泽的固体，晶态硅的熔点为1414℃，沸点为2355℃，原子序数为14，属于第ⅣA族元素，相对原子质量为28.085，密度为2.322g/cm^3，莫氏硬度为7。

(3) 硅材料的存在形式

硅以大量的硅酸盐矿石和石英矿的形式存在于自然界。人们脚下的泥土、石头和沙子，使用的砖、瓦、水泥、玻璃和陶瓷等，这些人们在日常生活中经常遇到的物质，都是硅的化合物。由于硅易与氧结合，自然界中没有游离态的硅存在。

2. 硅材料的物理性能

(1) 常见的物理性能

硅有晶态和无定形态两种同素异形体。晶态硅根据原子排列不同分为单晶硅和多晶硅，两者的区别是：当熔融的硅凝固时，硅原子与金刚石晶格排列成许多晶核，如果这些晶核长成晶面取向相同的晶粒，则形成单晶硅；如果长成晶面取向不同的晶粒，则形成多晶硅。它们均具有金刚石晶格，属于原子晶体，晶体硬而脆，抗拉应力远远大于抗剪切应力，在室温下没有延展性。在温度大于750℃时热处理，硅材料由脆性材料转变为塑性材料，在外加应力的作用下，产生滑移位错，形成塑性变形。硅材料还具有一些特殊的物理性能，如硅材料熔化时体积缩小，固化时体积增大。

(2) 硅材料的分类

硅材料按照纯度分类，可以分为冶金级硅、太阳能级硅、电子级硅。冶金级硅（MG）是硅的氧化物在电弧炉中用碳还原而成，一般含硅为95%～98%以上；太阳能级硅（SG）一般要求硅的含量在99.99%～99.9999%；电子级硅（EG）一般要求硅的含量>99.9999%。

(3) 硅材料的半导体性能

硅具有良好的半导体性质，其本征载流子浓度为 1.5×10^{10} 个/cm^3，本征电阻率为 $1.5\times10^{10}\Omega\cdot cm$，电子迁移率为 $1350cm^2/(V\cdot s)$，空穴迁移率为 $480cm^2/(V\cdot s)$。作为半导体材料，硅具有以下几种典型的半导体材料的电学性质。

① 电阻率特性　硅材料的电阻率在 $10^{-5}\sim10^{10}\Omega\cdot cm$ 之间，介于导体和绝缘体之间。高纯未掺杂的无缺陷的晶体硅材料称为本征半导体，电阻率在 $10^6\Omega\cdot cm$ 以上。

② P-N结特性　N型硅材料和P型硅材料相连，组成P-N结，这是所有硅半导体器件的基本结构，也是太阳能电池的基本结构，具有单向导电性等性质。

③ 光电特性 与其他半导体材料一样，硅材料组成的P-N结在光作用下能产生电流，如光伏电池；但是硅材料是间接带隙材料，效率较低，如何提高硅材料的发电效率正是目前人们所追求的目标。

3. 硅材料的化学性能

硅在常温下不活泼，不与单一的酸发生反应，能与强碱发生反应，可溶于某些混合酸。其主要性质如下。

(1) 与非金属作用

常温下硅只能与 F_2 反应，在 F_2 中瞬间燃烧，生产 SiF_4：

$$Si+2F_2 = SiF_4$$

加热时，能与其他卤素反应生成卤化硅，与氧反应生成 SiO_2：

$$Si+2X_2 \xlongequal{\triangle} SiX_4 \ (X=Cl, Br, I)$$

$$Si+O_2 \xlongequal{\triangle} SiO_2$$

在高温下，硅与碳、氮、硫等非金属单质化合，分别生成碳化硅、氮化硅、硫化硅等：

$$Si+C \xlongequal{\triangle} SiC$$

$$3Si+2N_2 \xlongequal{\triangle} Si_3N_4$$

$$Si+2S \xlongequal{\triangle} SiS_2$$

(2) 与酸作用

Si在含氧酸中被钝化，但与氢氟酸及其混合酸反应，生成 SiF_4 或 H_2SiF_6：

$$Si+4HF = SiF_4+2H_2$$

$$3Si+4HNO_3+18HF = 3H_2SiF_6+4NO+8H_2O$$

(3) 与碱作用

无定形硅能与碱猛烈反应生成可溶性硅酸盐，并放出氢气：

$$Si+2NaOH+H_2O = Na_2SiO_3+2H_2\uparrow$$

(4) 与金属作用

硅还能与钙、镁、铜等化合，生成相应的金属硅化物。

(5) 与金属离子作用

硅能与 Cu^{2+}、Pb^{2+}、Ag^{+} 等金属离子发生置换反应，从这些金属离子的盐溶液中置换出金属。如能在铜盐溶液中将铜置换出来。

[任务小结]

序号	学习要点	收获与体会
1	硅在自然界中的存在形式及状态	
2	硅材料的物理性能	
3	硅材料的化学性能	

任务二　硅片加工工艺流程

[任务目标]

(1) 掌握单晶与多晶硅片加工的完整工艺流程。

(2) 熟悉单晶与多晶硅片加工工艺的异同点。

(3) 了解单晶与多晶硅片加工工艺的难点。

[任务描述]

单晶与多晶硅片的加工工艺，由于原材料不同，加工工艺有很多的异同点。本任务将讲解单晶及多晶硅片加工工艺的完整工艺流程。

[任务实施]

1. 单晶硅片的加工工艺流程

最常见的单晶硅片是由直拉单晶硅加工而成，具体的加工流程为：单晶硅棒→截断→开方→磨面→滚磨→切片→清洗→检测分级→包装。滚磨以后的工序类似于多晶硅。

(1) 截断

截断是指在晶体生长完成后，沿垂直于晶体生长的方向切去单晶硅头尾无用的部分，并将单晶硅棒分段成切片设备可以处理的长度，即截掉头部的籽晶和放肩部分以及尾部的收尾部分。

截断通常利用外圆切割机进行切割，刀片边缘为金刚石涂层。这种切割机的刀片厚，速度快，操作方便；但是刀缝宽，浪费材料，而且硅片表面机械损伤严重。目前，也有使用带式切割机来割断晶体硅的，尤其适用于大直径的单晶硅。截断工艺如图 1-1 所示。

图 1-1　安装好的硅棒

(2) 开方

配置好切割液、搅拌好胶水，做好一切准备工作，将截断后的硅棒按要求固定在开方机上。开机运行，即沿着硅棒的纵向方向，将硅棒切成一定尺寸的硅块。

(3) 磨面

磨面的目的是减少开方的线痕及切割损伤，并得到所需的尺寸，如图 1-2 所示。

(4) 滚磨

在直拉单晶硅中，由于晶体生长时的热振动、热冲击等原因，晶体表面都不是非常平滑的，也就是说整根单晶硅的直径有一定偏差起伏；而且晶体生长完成后的单晶硅棒表面存在扁平的棱线，需要进一步加工，使得整根单晶硅棒的直径达到统一，以便于在后续工序材料的加工。通过外径滚磨可以获得较为精确的直径，如图 1-3 所示。

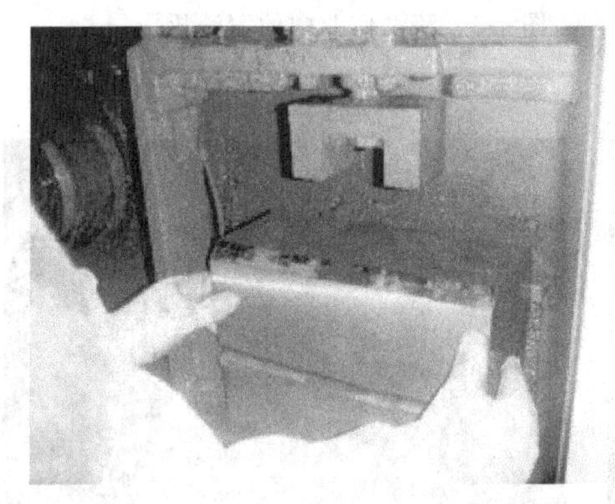

图 1-2　安装需磨面的工件

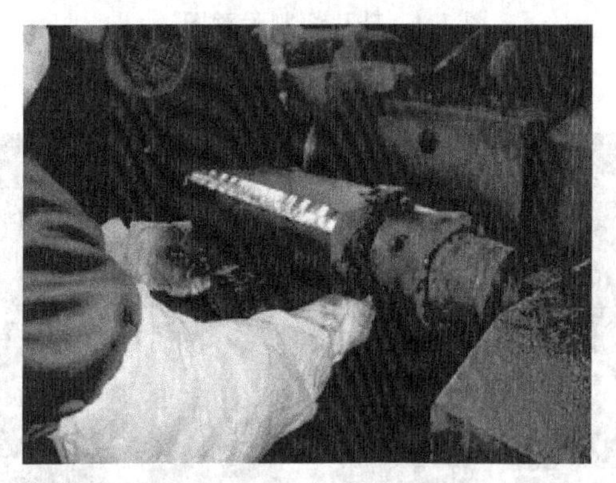

图 1-3　安装需滚磨的工件

(5) 切片

至此步骤以后，单晶硅片与多晶硅片的加工工艺几乎一致。切片是将前道工序加工的硅块切割成硅片，目前使用最多的是多线切割工艺。多线切割是钢线带砂切割，通过往复的钢线带动碳化硅颗粒进行切割，将硅块切割成 200μm 左右厚度的硅片，如图 1-4 所示。

(6) 清洗

清洗工艺中，单晶硅片与多晶硅片预清洗、硅片脱胶、玻璃与托板脱胶、插片、清洗、甩干基本类似。不同之处在于两者清洗的药品的组分、浓度、温度、时间等工艺不同。

硅片加工后，常见的杂质为有机物、金属离子等。清洗是通过有机溶剂的溶解作用，结合超声波清洗技术去除硅片表面的有机杂质；结合酸碱溶剂对金属离子及其他杂质的作用，去除硅片表面的杂质污染离子。清洗过程如图 1-5 所示。

(7) 检测

将清洗甩干的硅片按照检测的标准进行检测分级，如图 1-6 所示。单晶硅片与多晶硅片的检测方法、工艺类似，不同的是检测的标准有所差异，其具体内容将在硅片检测中重点介绍。

(8) 包装

由于硅片属于易碎产品，需要对加工完毕的硅片进行包装处理，如图 1-7 所示。单晶硅片与多晶硅片的包装工艺类似，具体内容在硅片包装中重点介绍。

图 1-4 硅片切割示意图

图 1-5 清洗作业中的清洗机

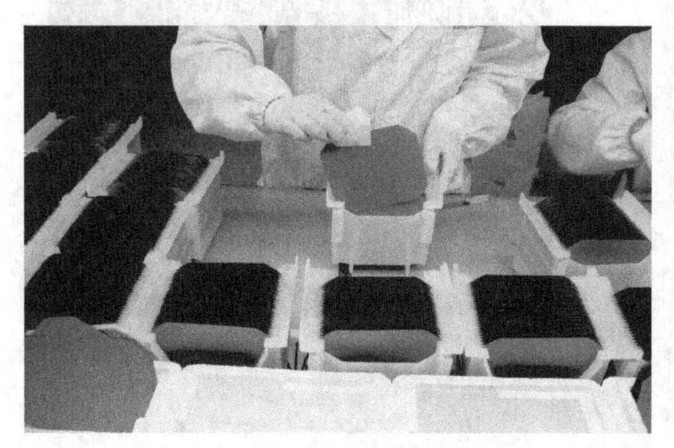

图 1-6 单晶硅片外观检测

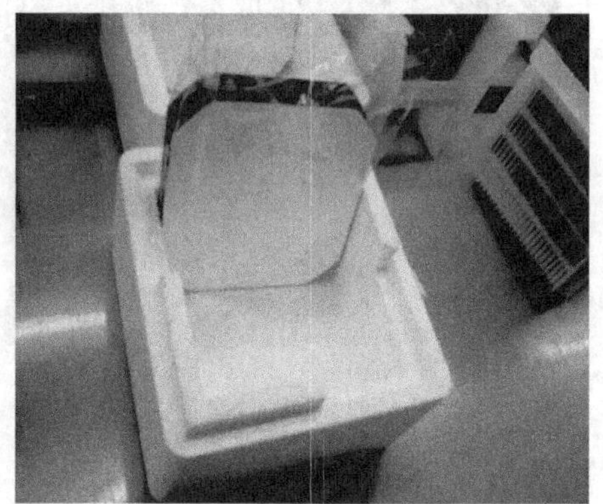

图 1-7 正在包装的硅片

2. 多晶硅片的加工工艺流程

最常见的多晶硅片是由多晶硅锭加工而成，具体的加工流程为：硅锭开方→去头尾（切断）→磨面→倒角→切片→清洗→检测分级→包装。

(1) 开方

多晶硅的开方工艺是将方形的多晶硅锭，按照一定的要求，通过开方机切割成一定尺寸的硅块。根据硅锭的大小及硅片的尺寸不同，通常将硅锭开方成为 3×3、4×4、5×5、6×6 的 9、16、25、36 块硅块，即所谓的 G3、G4、G5、G6。

(2) 去头尾（切断）

由于杂质分凝及坩埚接触的影响，杂质集中在头尾部，因此，在硅锭开方后，要进行去头尾处理，即沿着硅锭的晶体生长方向，将硅锭切成一定尺寸的长方形的硅块，如图 1-8 所示。

(3) 磨面

开方之后的硅块表面会产生线痕，因此需要通过研磨除去开方所造成的锯痕及表面损伤层，有效改善硅块的平坦度与平行度，达到抛光过程要求的规格。

图 1-8 正在去头尾作业中的硅块

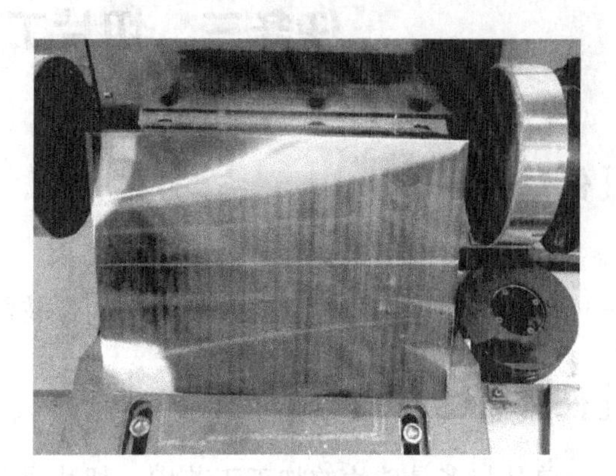

图 1-9 正在倒角的硅块

(4) 倒角

工艺多晶硅锭切割成硅块后，硅块边角锐利部分需要倒角、修整成圆弧形，主要目的是防止切割时，硅片的边缘破裂、崩边及产生晶格缺陷，如图 1-9 所示。

(5) 切片

多晶硅切片工艺与单晶硅基本一致，其主流技术也是线切割技术。

(6) 清洗

多晶硅片与单晶硅片清洗工艺操作流程一致，工艺顺序也是脱胶、插片、清洗、甩干，与单晶硅不同的是清洗过程中的工艺参数有所区别。

(7) 检测

多晶硅片与单晶硅片的检测工艺基本一致，具体操作工艺流程为准备工作、检查、取片、检片。分检完毕后，填写随工单（注意：良品数与不良品数要核算准确后再填写），做好标识，在扎硅片的纸条上面或用标签标识规格、厚度、种类、机台号、刀次、安装位置等消息，避免 FQC（成品质量检验）在抽检过程中产生混片，最后，送入品管。

(8) 包装

多晶硅片与单晶硅片的包装分为良品和不良品的包装。良品的包装工序是确认数量、打印标签、放片、接片、封盒、放箱、封箱。不良品的包装采用的是最原始的手法：手工包装。需要注意的是把硅片包整齐，品管确认后封好盒子，贴好标签，放箱时写好等级标签。把规格、不良种类、日期、部门班次、数量、判断状态写好，品管再次确认后封箱。

[任务小结]

序号	学习要点	收获与体会
1	单晶与多晶硅片加工的完整工艺流程	
2	单晶与多晶硅片加工工艺的异同点	
3	单晶与多晶硅片加工工艺的难点	

任务三　切片工艺岗位技能要求

[任务目标]

(1) 掌握硅片切片岗位的工艺技术。

(2) 熟悉单晶与多晶硅片切片的岗位技能要求。

[任务描述]

单晶与多晶硅片的加工工艺中，切片属于重中之重，操作工艺繁杂而且岗位较多，对员工的素养要求也不一样。本任务将对加工工艺中的切片工艺岗位进行重点讲解，着重介绍单晶及多晶硅片加工工艺中不同岗位的技能要求。

[任务实施]

1. 切片岗位组织结构

切片过程中，涉及到砂浆的配置、粘胶、布线及导轮的更换、上下硅棒、切割完毕工件的清洗等内容。针对不同的切割机，工艺参数有所不同，但是工作岗位基本相同，本书主要是针对 HCT 多线切割机的加工工艺，具体的切片岗位组织结构如图 1-10 所示。

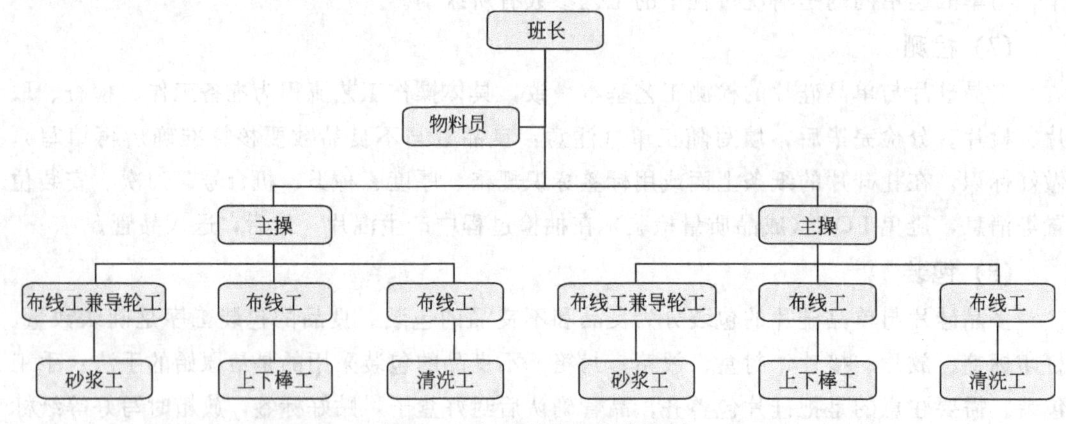

图 1-10　切片岗位组织结构图

2. 切片岗位职责要求

为了规范操作与管理，明确各自的职责，根据切片工艺的不同岗位要求，将切片的岗位职责做以下简要描述。

(1) 主操

① 切片机切片主操岗位的主要职责是：

A. 负责小组内的生产调配；

B. 遵守公司各项管理制度或规定；

C. 服从领导安排和管理；

D. 按时出勤，遵守工作纪律等各项车间管理规定；

E. 上岗前按规定穿戴好厂服及劳保用品；

F. 爱护公司设施、设备、仪器、工具等；

G. 做好设备一级保养（设备点检表），做好切割流程中的各项点检（切割点检记录表）；

H. 现场解决小组内提报的问题；

I. 按班长要求完成各项生产指标及日常事务；

J. 按照5S标准做好相关工作。

② 切片机切片主操岗位的任职条件是：

A. 大专以上学历，机械或材料等相关专业；

B. 爱岗敬业，能吃苦；

C. 从事布线工操作3个月以上；

D. 熟练掌握切片技巧，对一些异常情况可以独立、及时解决；

E. 工作严谨，责任心强，工作积极乐观，耐压性强。

(2) 布线工

① 布线工的主要职责是：

A. 负责进行切割布线操作（根据布线操作规范操作并填写好相关记录表格）；

B. 负责切割钢线的线筒更换（根据线筒更换操作规范操作并填写好相关记录表等）；

C. 遵守公司各项管理制度或规定；

D. 服从领导安排和管理；

E. 按时出勤，遵守工作纪律等各项车间管理规定；

F. 上岗前按规定穿戴好厂服及劳保用品；

G. 爱护公司设施、设备、仪器、工具等，并做好日常保养工作和记录；

H. 按主操要求完成各项生产指标等工作。

② 布线工的任职条件是：

A. 大专以上学历，机械或材料等专业；

B. 爱岗敬业，能吃苦；

C. 从事导轮工工作3个月以上；

D. 熟练掌握布线技巧，对一些异常情况可以独立、及时解决。

(3) 导轮工

① 导轮工的主要职责是：

A. 负责主辊和导向轮更换（根据主辊及导轮更换操作规范操作并及时填写相关记录表）；

B. 学习布线技能，协助布线工完成布线工作和异常处理；

C. 按主操要求完成相关工作；

D. 按时出勤，遵守工作纪律等各项车间管理规定；

E. 上岗前按规定穿戴好厂服及劳保用品；

F. 爱护公司设施、设备、仪器、工具等，并做好日常保养工作和记录。

② 导轮工的任职条件是：

A. 大专以上学历，机械与数控等相关专业；

B. 爱岗敬业，能吃苦；

C. 从事上下棒工 3 个月以上；

D. 掌握导轮更换技能，对一些异常情况可以独立、及时解决。

(4) 工件清洗工

① 工件清洗工的主要职责是：

A. 按作业规范进行切片机相关辅助工具及配件的清洗工作（砂浆缸、喷嘴、小车、过滤网等）；

B. 遵守公司各项管理制度或规定；

C. 服从领导安排和管理；

D. 按时出勤，遵守工作纪律等各项车间管理规定；

E. 上岗前按规定穿戴好厂服及劳保用品；

F. 爱护公司设施、设备、仪器、工具等，并做好日常保养工作和记录。

② 工件清洗工的任职条件：

A. 初中以上学历；

B. 为人正直，有上进心，爱岗敬业，能吃苦；

C. 熟练掌握工件清洗技巧，对一些异常情况及时上报。

(5) 上下棒工

① 上下棒工的主要职责是：

A. 负责上下棒工作（上下棒操作规范）；

B. 学习导向轮和主辊更换技能；

C. 协助布线工在机器待加工前的准备工作（线筒准备等）；

D. 现场 5S 工作；

E. 按时出勤，遵守工作纪律等各项车间管理规定；

F. 上岗前按规定穿戴好厂服及劳保用品；

G. 爱护公司设施、设备、仪器、工具等，并做好日常保养工作和记录。

② 上下棒工的任职条件是：

A. 大专以上学历，数控或材料等相关专业；

B. 为人正直，有上进心，能吃苦，爱岗敬业，具备保密意识和团队合作精神；

C. 掌握上下棒技能，对一些异常情况及时上报。

(6) 砂浆工

① 砂浆工的主要职责是：

A. 进行配浆工作；

B. 遵守公司各项管理制度或规定；

C. 按时出勤，遵守工作纪律等各项车间管理规定；

D. 上岗前按规定穿戴好厂服及劳保用品；

E. 爱护公司设施、设备、仪器、工具等，并做好日常保养工作和记录；

F. 服从砂浆班组长的工作安排，认真做好砂浆的更换工作；

G. 按工艺要求及时进行砂浆的配比作业；

H. 及时对切片车间需要的机台进行砂浆的更换，做到不因砂浆问题而耽误生产；

I. 积极配合切片车间操作工，快速高效地保证生产的正常进行，同时遵守切片车间纪律；

G. 积极主动清洁砂浆车间的环境卫生。

② 砂浆工的任职条件是：

A. 初中以上学历，年龄在 28～35 之间；

B. 有良好的团队合作意识；

C. 工作勤恳，能吃苦耐劳，敬业爱岗，有良好的团队协作精神。

(7) 物料员

① 物料员的主要职责是：

A. 保证生产物料的正常运行；

B. ERP（企业资源计划）相关信息录入；

C. 负责车间物料的整齐摆放及物料分配；

D. 协助班组长进行生产数据的收集与整理。

② 物料员的任职条件是：

A. 高中及以上学历，熟悉计算机基础操作，能够熟练使用 OFFICE 办公软件；

B. 吃苦耐劳，工作认真；

C. 有良好的合作意识、团队意识。

[任务小结]

序号	学习要点	收获与体会
1	硅片切片工艺岗位	
2	切片岗位技能要求	

项目二

单晶截断工艺

[项目目标]

(1) 掌握单晶截断工艺完整操作流程。

(2) 熟悉单晶样片取样及检测工艺。

(3) 掌握单晶硅棒截断工艺中的注意事项、异常情况及应急处理措施。

[项目描述]

由于直拉工艺拉制出的单晶硅棒部分长度达2～2.5m，需要将长的硅棒截断，确保截断后的硅块可在开方机加工操作范围内。

通过本项目的学习，应掌握单晶硅棒截断的完整工艺，并能够对异常情况进行处理。

任务一　单晶硅棒截断

[任务目标]

(1) 熟悉单晶硅带锯床操作规程。

(2) 掌握单晶硅棒截断完成工艺。

(3) 掌握单晶硅棒截断作业中的异常情况处理。

[任务描述]

截断在日常生活中很多地方都可以见到，主要是将长的工件截断成短的工件，根据材料不同，截断工艺有所区别。本任务以常见的带锯床操作流程进行介绍，着重讲解单晶硅棒的截断工艺。

[任务实施]

截断的具体工艺流程为：作业准备→上棒→取样片→切割→刻字和记录。

1. 典型的带锯床

本任务以典型的带锯床为例进行讲解。单晶硅带锯床外形如图 2-1 所示，图形中的机床为单晶硅配料切割专用设备，适用于单晶硅锯段和锯片。该锯床能够对直径 230mm 的晶棒进行自动切割，具体的技术参数为：

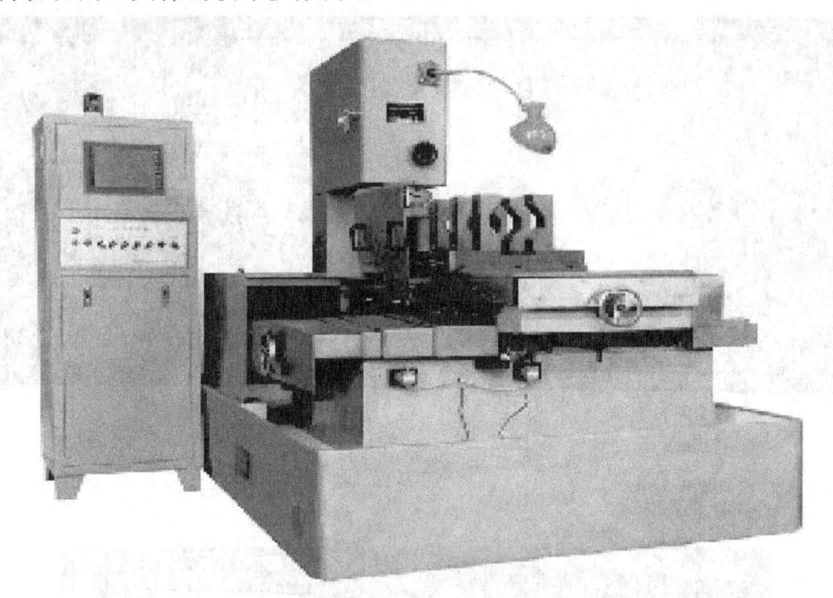

图 2-1 GF1046 型单晶硅带锯床外形

① 切削单晶硅最大直径 ϕ230mm；

② 切削单晶硅最小厚度 1mm；

③ 锯带轮直径 ϕ460mm；

④ 锯带轮转速 0～1200r/min；

⑤ 锯带轮电动机功率 2.2kW；

⑥ 锯带规格（长×宽×厚） 3230mm×38mm×0.7mm；

⑦ 切割进给速度 0～20mm/min；

⑧ 进给拖板最大行程 360mm；

⑨ 送料拖板最大行程 250mm；

⑩ 锯片张紧 机械式、压力传感器保护；

⑪ 控制方式 计算机控制，触摸屏操作；

⑫ 主带轮径向跳动 ≤0.06mm；

⑬ 切割导轨运动直线度 ≤0.02/100mm；

⑭ 送料导轨运动直线度 ≤0.02/100mm；

⑮ 切割断面表面粗糙度 $Ra \leqslant 3.2\mu m$；

⑯ 工件的最大切缝宽度 ≤1.0mm；

⑰ 工件最大切割长度 420mm。

2. 截断过程中的准备工作

① 按规定穿戴劳动保护用品。

② 检查水、电是否正常。

③ 检查锯条是否开裂，张力、转速等各参数是否正常。手动操作页面及操作屏幕分别如图 2-2 和图 2-3 所示。

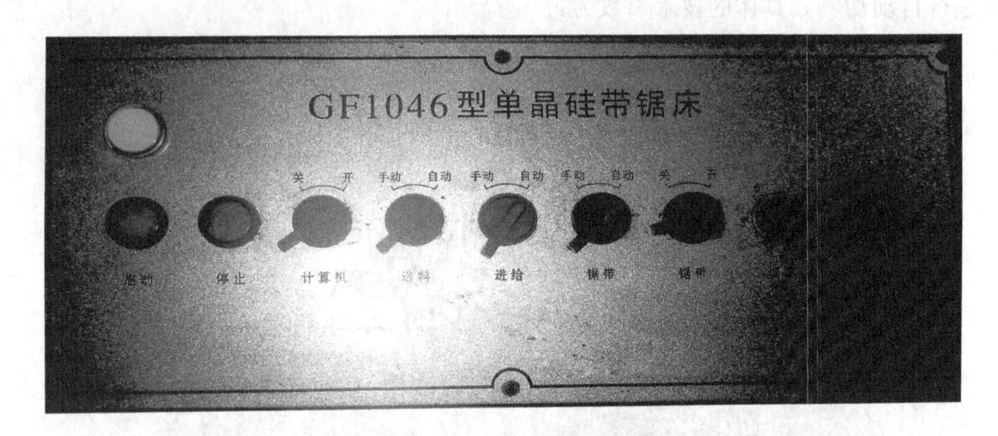

图 2-2 手动操作页面

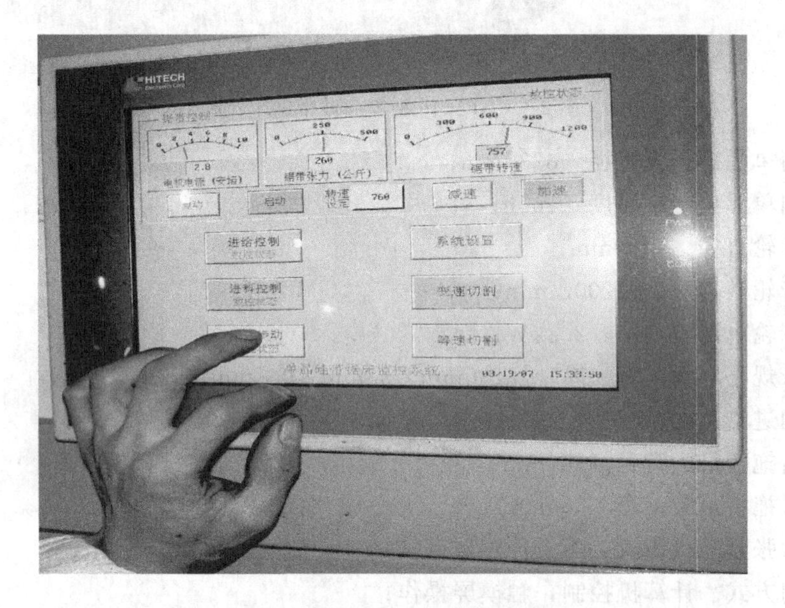

图 2-3 检查操作屏幕上参数设置

④ 检查测量校正量具及辅助工具。

⑤ 认真点检设备点检表。

3. 上棒

① 把晶棒放入夹具内，尾部朝里，头部朝外，如图 2-4 所示。

② 把一根棱线转到与工作台面成 45°。

③ 装卡晶棒，并垫木块保持晶棒水平，避免硅块晃动，然后夹紧夹具，如图 2-5～图 2-7 所示。

图 2-4 放入夹具中的晶棒（拿掉挡水罩）

图 2-5 装卡晶棒

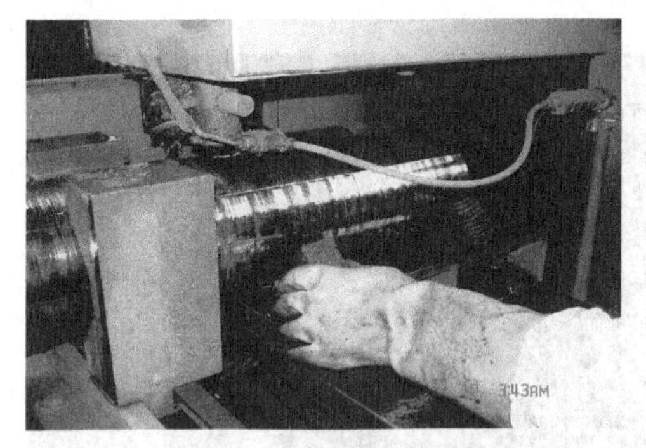

图 2-6 给晶棒垫木块

图 2-7 夹紧夹具

④ 把锯条移动到要切割的尾部，进行尾部切割。当尾部即将切割完毕时，要用手托住尾料，以免掉落，将锯带砸伤，如图 2-8 所示。

图 2-8 正在进行尾部切割作业的硅棒

图 2-9 样片切割

4. 步动进给取样片

① 设定切割速度和边缘切割速度。

② 设定样片厚度，一般为 1.8～2.0mm。

③ 点击显示屏上的“等速切割”，再点击“启动键”，开始切割，如图 2-3 所示。

④ 当样片即将切断时，用手扶住，以免样片脱落损坏，如图 2-9 所示。

⑤ 将晶棒编号写在样片上，便于品管部的检测工作。

5. 晶棒切割

① 根据样片检测的结果，对合格圆棒进行分段。
② 检查切割参数是否正确。
③ 用手动或者自动进给进料，将刀口对准画线的地方，刀口不能碰到晶棒。
④ 打开水阀。
⑤ 显示屏上点击“等速切割”，进入“切割监控”。
⑥ 点击“启动”，机器开始自动切割，如图 2-10 所示，图中为正在进行截断的硅棒。

6. 标识和记录

① 把标签贴在每个晶棒的棱线上，如图 2-11 所示。

图 2-10 正在截断中的硅棒

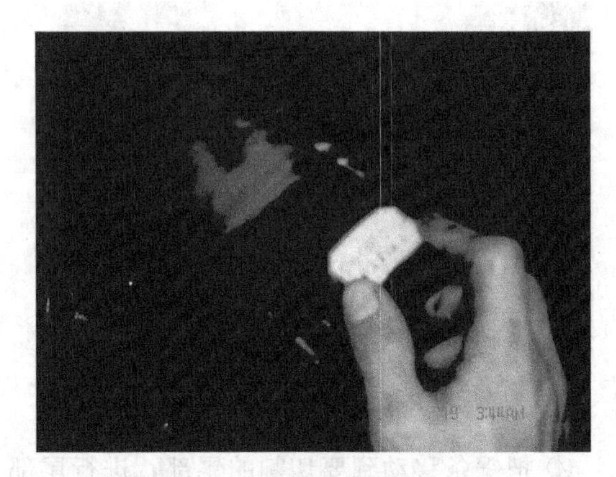

图 2-11 将标签贴在棱线处

② 测量每根晶棒的长度。
③ 称出每根晶棒的重量。
④ 在作业记录表上记下晶棒的编号，用卷尺和秤测量圆棒实际长度、重量、头尾料重量和刀数，如图 2-12 和图 2-13 所示。

图 2-12 测量硅棒的长度

图 2-13 称量重量

⑤ 把圆棒和头尾料分别放在指定的地方。

⑥ 每根切割过的圆棒断面处要刻字清楚，如图 2-14 所示。

⑦ 将圆棒称重后登记在收发员处。

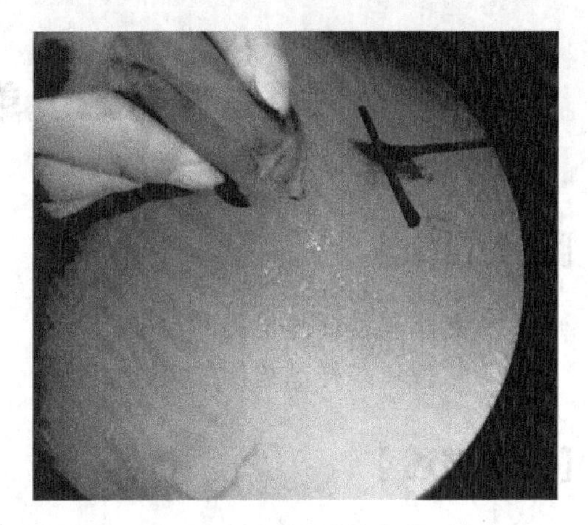

图 2-14　圆棒断面刻字

7. 注意事项及应急措施

① 设备操作工必须经考核合格后方可上岗作业。

② 操作时必须穿戴劳动防护用品。

③ 随时注意机床运转和产品变化情况，如有异常应立即停机检查，确认正常后方能继续生产。

④ 冷却水出水一定要喷在锯条上，不然会影响使用寿命。

⑤ 上下晶棒要轻拿轻放。

⑥ 晶体切断必须做记录。

⑦ 分段长度要根据具体的工艺标准来设置。

⑧ 要注意锯条造成崩边。

⑨ 要注意控制斜面，斜面会使硅棒长度浪费，并且可能造成切片时断线。

⑩ 注意每次更换锯条后要在显示屏的系统设置上清零，便于统计锯条寿命。

⑪ 切断工序的硅料损失率一般小于 1%。

8. 常见的异常处理

(1) 控制斜面

上棒时要认真调节，保证晶棒水平。夹具要夹紧。分段时必须用直角尺找垂直。

(2) 控制崩边

上下棒要轻拿轻放，尽量防止与夹具边缘相碰。切割时两边的木块一定要塞紧。

(3) 控制裂纹

切割长棒时不能一人进行操作，避免晶棒与工作台碰撞或与夹具碰撞引起裂纹。

(4) 发生斜面、崩边、裂纹的主要原因

发生斜面、崩边、裂纹主要原因是操作时粗心大意，没有严格按照工艺要求操作。

[任务小结]

序号	学习要点	收获与体会
1	典型的带锯床性能	
2	带锯截断操作工艺	
3	截断工艺中的注意事项及操作要点	

任务二　单晶样片检测

[任务目标]

(1) 熟悉单晶样片检测的目的。
(2) 掌握单晶样品检测的工艺。

[任务描述]

判断单晶硅棒是否符合标准，必须经过检测才能确定。本任务着重讲解单晶样片的检测工艺。

[任务实施]

(1) 单晶样品的取样及检测的流程

如图 2-15 所示。

(2) 切断取样

切断操作工根据过程检验，在晶棒上画线标识，对晶棒进行头尾取样。

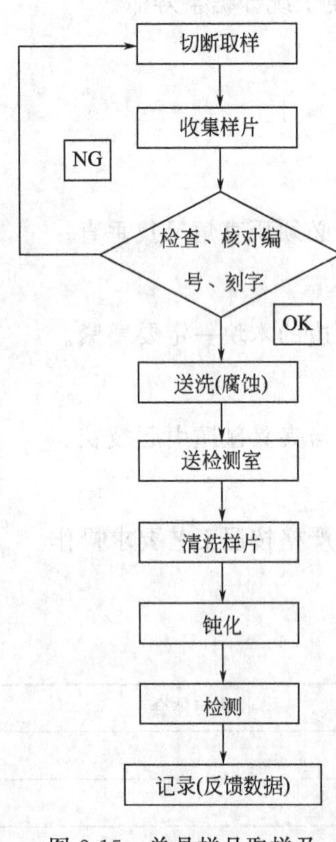

图 2-15　单晶样品取样及检测流程

(3) 收集样片

过程检验人员收集取好样片后，核对样片与对应的晶棒编号及检查样片外观质量，发现不符合要求的样片退回切断车间，并要求重新取样。

(4) 送洗样片

过程检验人员清点好待送洗样片数量，签好物资出门证送腐蚀车间。

(5) 送样片检测室

样片腐蚀洗好后，清点好数量并送样片检测室检测。

(6) 清洗样片

样片检测人员先用水浸泡清洗样片上的残酸，用无尘纸擦拭干净。

(7) 钝化及检测

把擦拭好的样片放入自封袋里，滴入配制好的碘酒(浓度为 2%)，在 5min 内检测样品的外观性能是否符合要求。

(8) 记录数据

记录好检测数据，并及时根据检测的性能数据对现场晶棒进行画线。

(9) 异常处理

在检测中发现晶棒性能数据异常，及时反馈给当班班长与主任。

(10) 记录保存

相关记录表单在过程检验保存1年，检测完的样片应保留3个月。

[任务小结]

序号	学习要点	收获与体会
1	单晶样片取样及检测的流程	
2	单晶样片取样检测的工艺	

项目三

单晶硅棒与多晶硅锭开方工艺

[项目目标]

(1) 熟悉开方机的原理与结构。
(2) 掌握单晶与多晶开方工艺流程。
(3) 掌握单晶与多晶开方工艺控制要点。
(4) 熟悉单晶与多晶开方设备维护与保养。

[项目描述]

单晶与多晶开方的主要目的是将硅棒去边皮料、硅锭去边角料及切割成一定尺寸的硅块。本项目是学习单晶硅棒与多晶硅锭开方工艺的完整操作要点、控制因素，并熟悉开方机的原理、结构，能对开方机进行维护与保养。本项目以典型的 HCT 开方机进行讲解。

任务一　认识开方机的原理与结构

[任务目标]

(1) 掌握开方机的原理。
(2) 熟悉开方机的结构图。

[任务描述]

目前市场上应用较多的开方是采用钢线带砂切割，类似于硅片切割工艺。本任务将对开方机的原理及结构图两个方面进行重点讲解。

[任务实施]

1. HCT 开方机原理

钢线通过收、放线轮及 4 个导轮形成交叉线网回路，砂浆喷嘴喷出的砂浆覆盖在线网上，高速运转的线网带动砂浆进行切割。

线网的构建情况如图 3-1 所示，箭头标识方向为线网的走向。

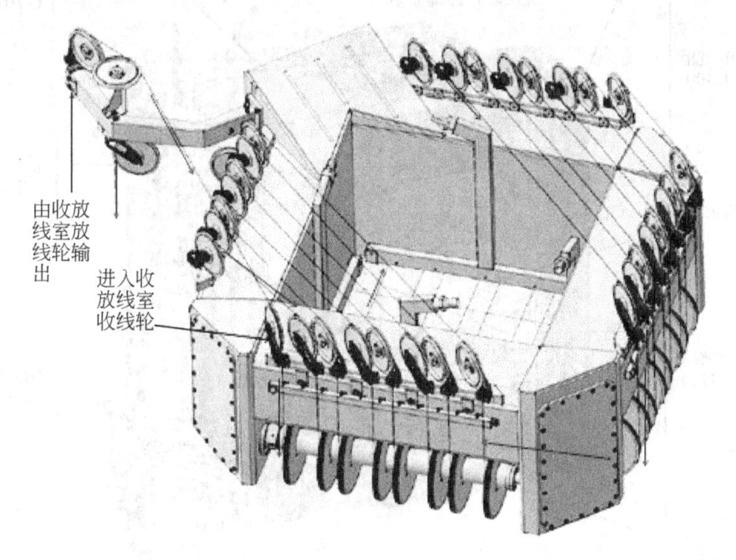

图 3-1　切割线网布置图

2. HCT 开方机的结构

(1) 开方机机械主体结构

开方机主体结构如图 3-2 和图 3-3 所示。图 3-2 显示开方机外形。开方机主要由 5 个部分主体构成，图中 1 为电控柜，2 为绕线室，3 为开方室，4 为冷却系统，5 为操纵台。

① 收放线轮室是通过收放线轮的旋转实现钢线的输出及回收，并通过张力臂保证线网的张力。

② 切割头是切割室内最重要的部件，支撑小滑轮支架和 4 根切割主辊，并与支撑总

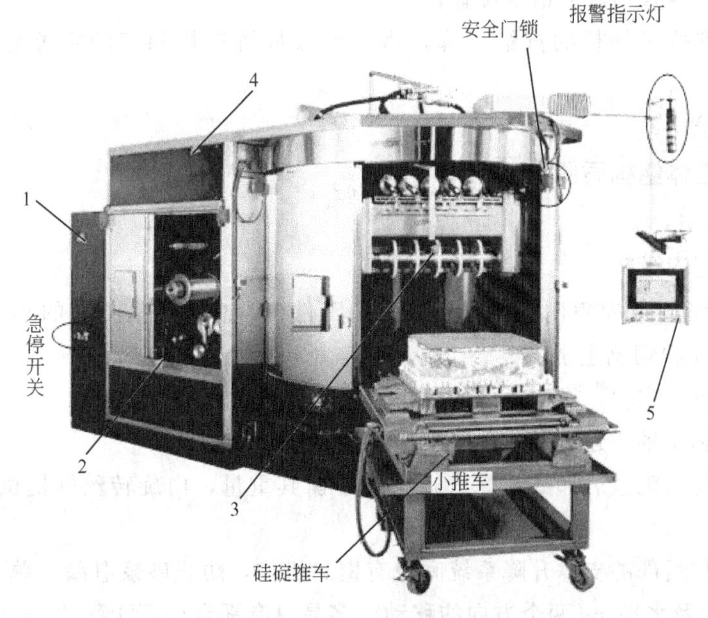

图 3-2　开方机主体结构外观图

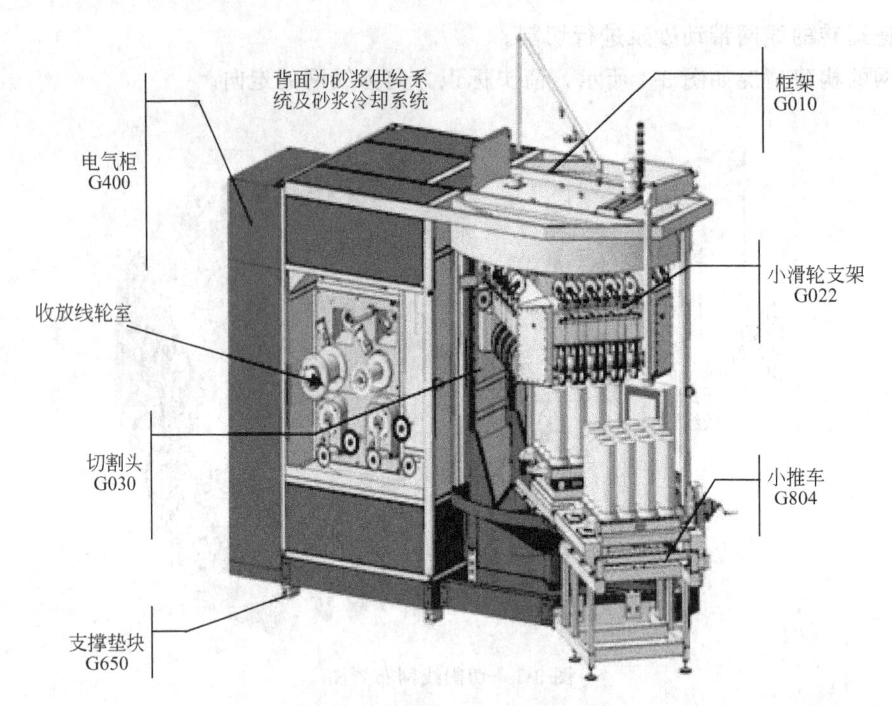

图 3-3 开方机主体结构内部图

成相连，实现升降。切割头的升降将带动线网上升下降，实现对硅锭的切割。

③ 支撑垫块调节底部各垫块的厚度，保证机器整体处于水平位置。

④ 框架是机器的支撑骨架。

⑤ 小滑轮支架支撑一系列的小滑轮，它和 4 根主辊构成切割线网。

⑥ 小推车用来安装工件，具体安装工件的流程为：

a. 工件板上粘好硅锭后放置在小推车上定位；

b. 将小推车推入切割室指定位置；

c. 推车上支撑工件板的汽缸下降，将工件板放置在切割室的定位台上，进行局部调整；

d. 小推车推出。

(2) 机械主体结构后侧

如图 3-4 所示。

(3) 切割室内结构

如图 3-5 所示。切割室内主要有切割头和工件台，总体包括上部的小滑轮及其支架、4 个砂浆喷嘴、4 根切割主辊。

① 切割线辊（主辊）靠四角内的电机通过带轮进行传动。

② 小滑轮和主辊构建线网，砂浆喷嘴供给砂浆。

③ 切割头与切割室后部的支撑汽缸相连平衡其重量，由旋转丝杠提供上升下降的驱动力。

④ 切割头与后部的支撑升降系统间设有密封机构，防止砂浆泄漏。单晶有电磁平台，能实现电磁吸附及水平 xy 两个方向的移动。多晶只有平台，不能移动。

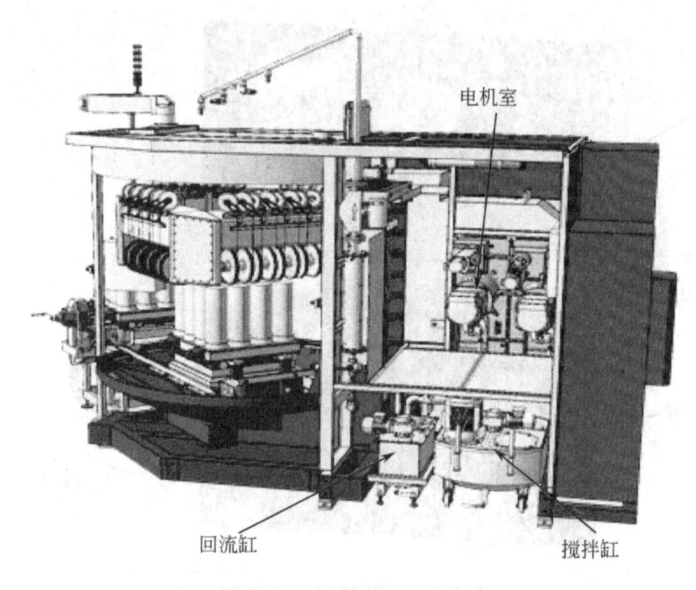

图 3-4　主体结构后侧图

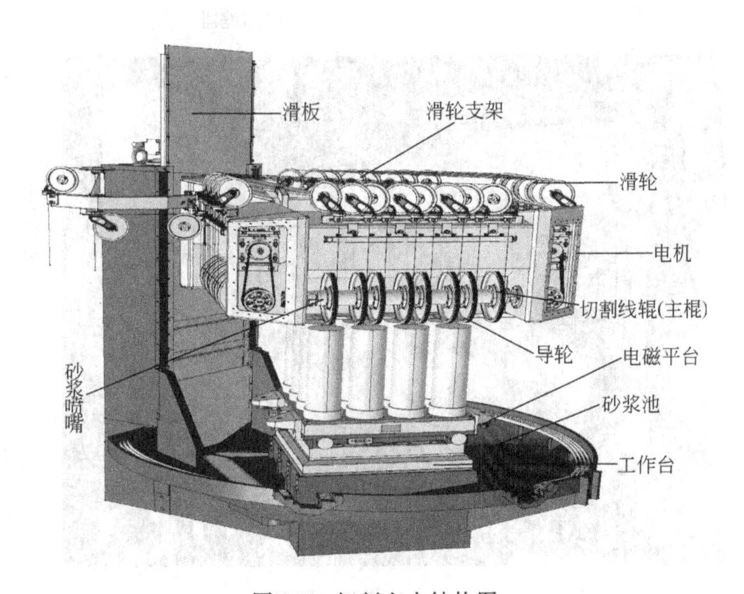

图 3-5　切割室内结构图

(4) 收放线轮室布局

如图 3-6 所示。收放线轮的主要作用就是实现钢线的输出和回收，并通过一系列的过渡滑轮和张力臂保证线网张力。图中，G042 为收线轮，G041 为放线轮，G052 为左/右张力臂，G060 为排线轮，G080 为排线滚筒，G090 为分线轮。

(5) 电机室结构

如图 3-7 所示。

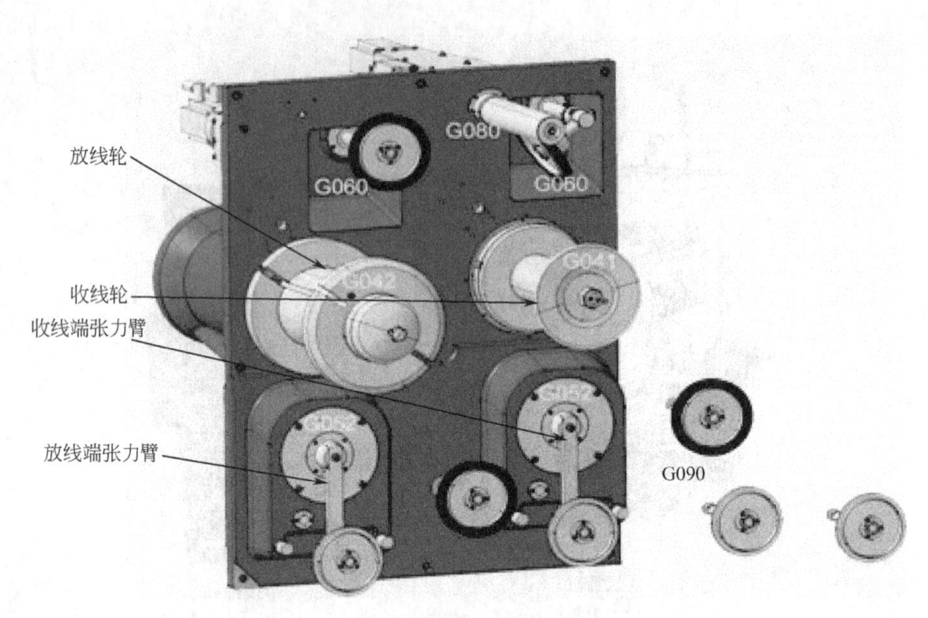

图 3-6 收放线轮室布局图

图 3-7 电机室结构图

(6) 人、机操作界面

① 人机操作界面如图 3-8 所示。

② 主界面包括砂浆张力、电机转速、切割速度与时间等，如图 3-9 所示。

③ 参数设置视窗如图 3-10 所示。该视窗主要包括工作台复位设置、左/右排线轮复位，其他杂项如保存设置数字、工作/开机/主电机运转等时间及时间设定和清理屏幕项目等。

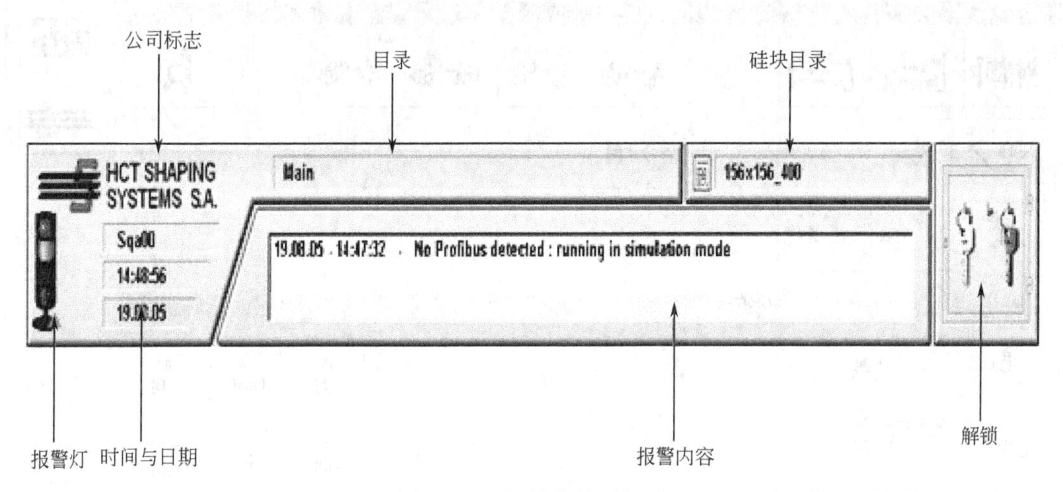

图 3-8　人机操作界面目录

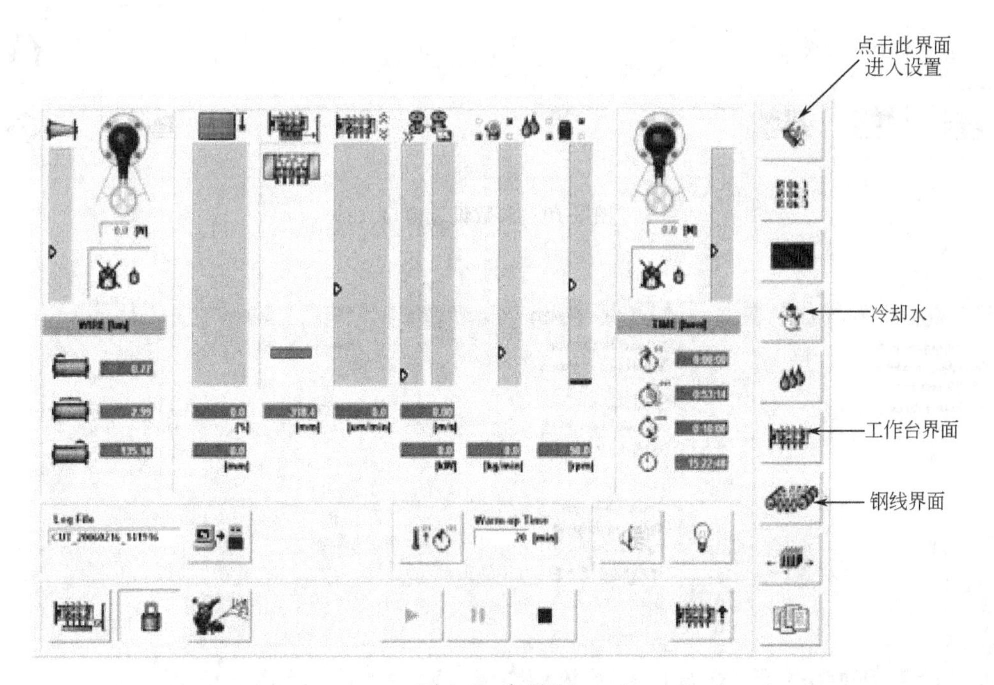

图 3-9　主界面

④ 切割条件视窗如图 3-11 所示。该窗口分为安全检查、钢线、砂浆、工作台、冷却 5 大板块。

⑤ 砂浆系统如图 3-12 所示。该窗口主要有搅拌缸、回流缸、热交器等相关参数。

⑥ 工作台参数如图 3-13 所示。该窗口主要有工作台切割参数、导轮安装、电机力矩比率等。图中右上方的圆圈按钮呈分开指示，显示的是导轮未安装。

⑦ 钢线参数窗口如图 3-14 所示。该窗口主要介绍左/右张力、断线、接地、限位/位置、建立钢线、转移、导轮直径参数。

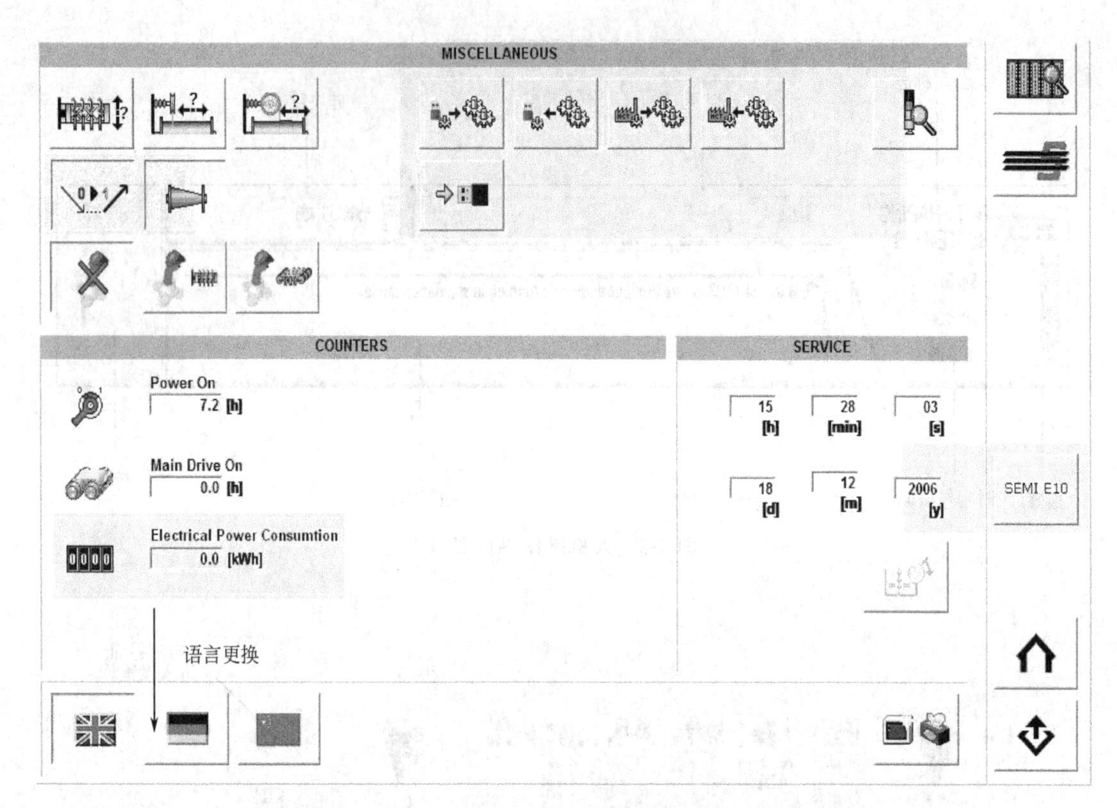

图 3-10 参数设置窗口

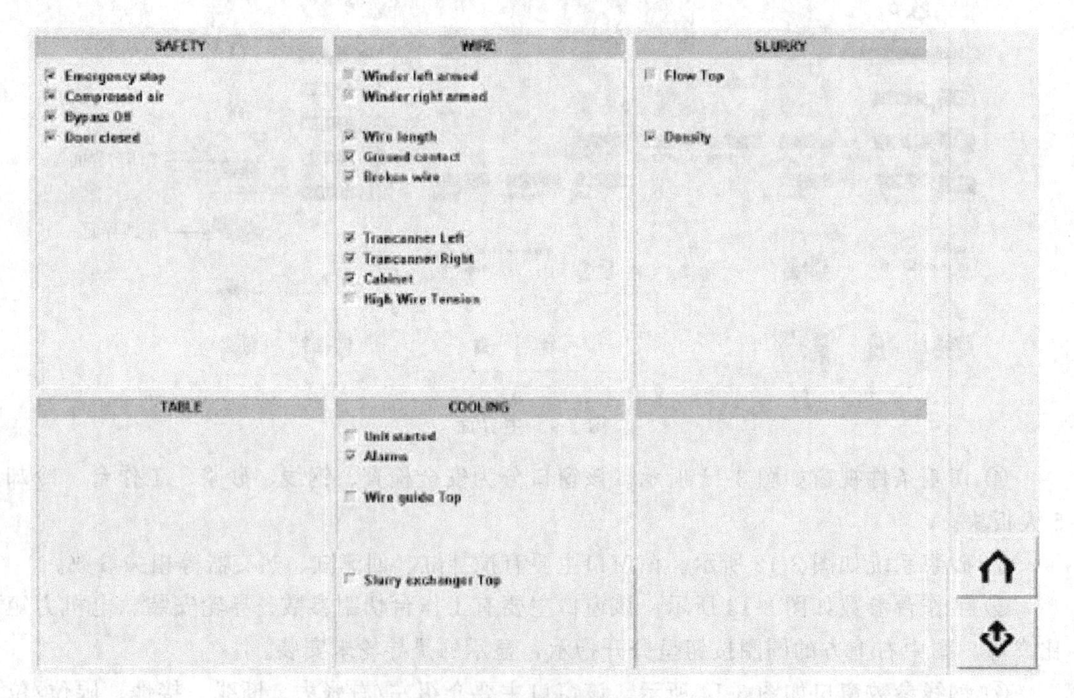

图 3-11 切割条件窗口

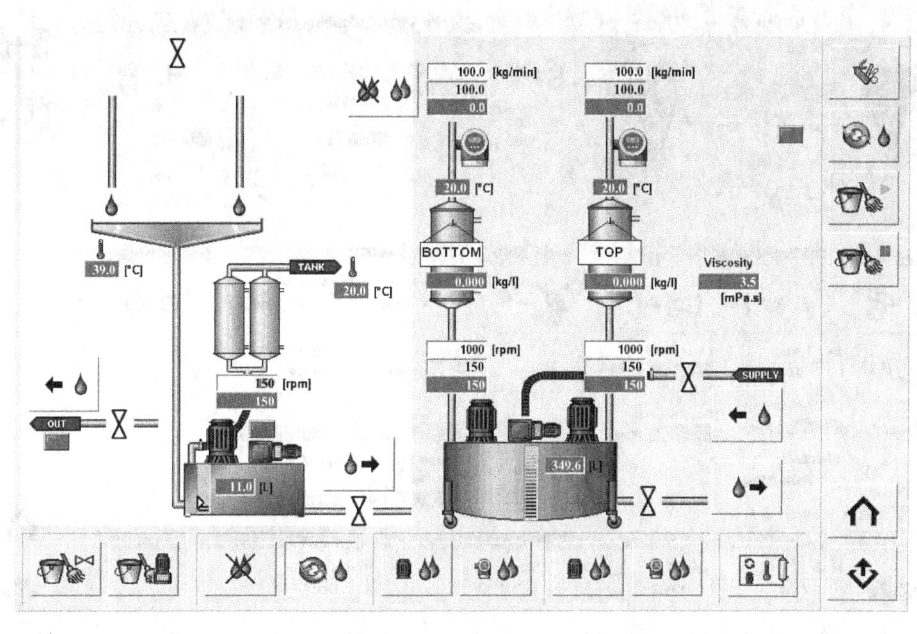

图 3-12　砂浆系统窗口

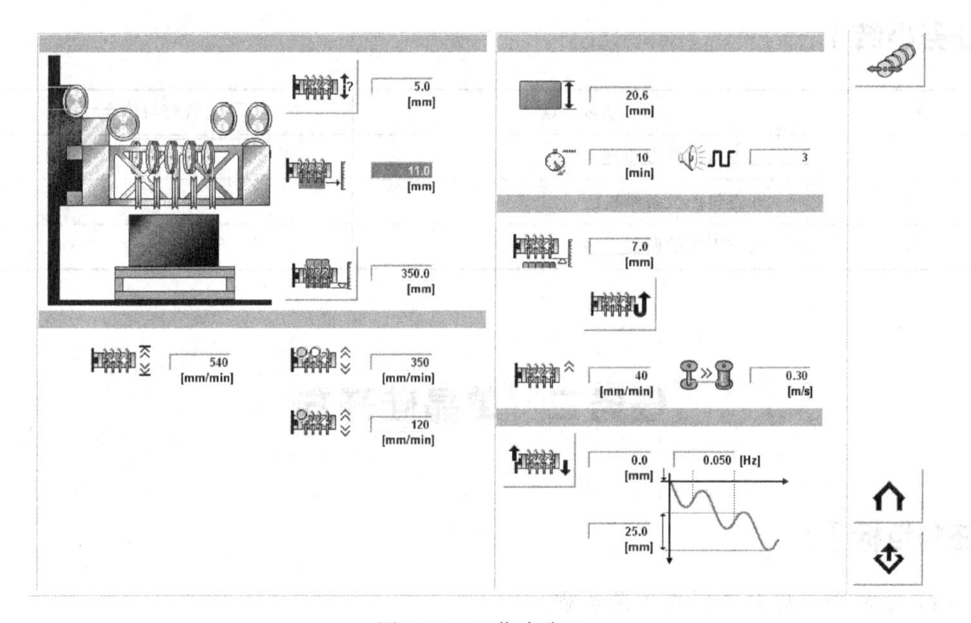

图 3-13　工作台窗口

3. 开方机操作工应注意事项

开方机操作工一般工作为清洗机器、换切割线和滑轮、准备砂浆、试机、装卸硅锭、检查、清洁环境。

上岗前，需要着特制工作服、安全眼镜、安全鞋，准备刀具、剪刀、普通胶带、润滑油脂、清洁纸等上岗工具。

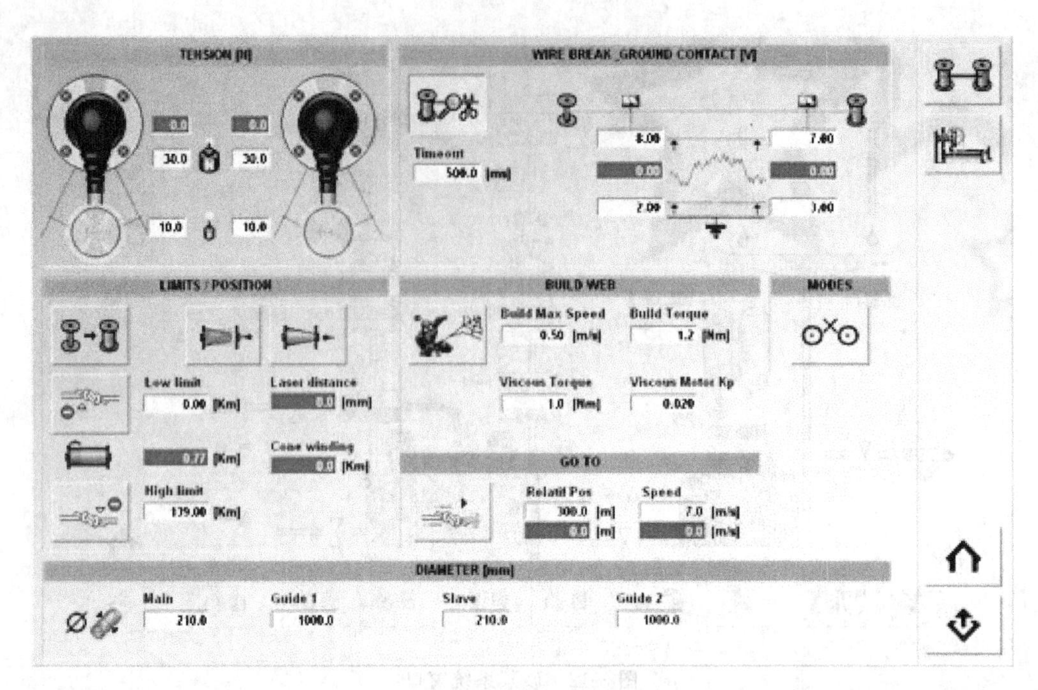

图 3-14 钢线参数窗口

[任务小结]

序号	学习要点	收获与体会
1	开方机的开方原理	
2	开方机的设备结构图	
3	开方操作的所需工序	

任务二 单晶硅开方

[任务目标]

(1) 掌握单晶硅开方操作工艺流程。

(2) 掌握单晶硅开方控制要点。

(3) 熟悉单晶硅开方工艺参数。

[任务描述]

单晶硅棒切割成硅片，需要将周边的边皮料切除，然后进行磨面、滚磨工艺。本任务主要学习单晶硅棒的开方工艺。

[任务实施]

目前光伏产业开方工艺中，应用较多的设备是 HCT 开方机。本任务以 HCT 开方为例，进行重点讲解。

单晶硅棒的开方工艺流程如图 3-15 所示。

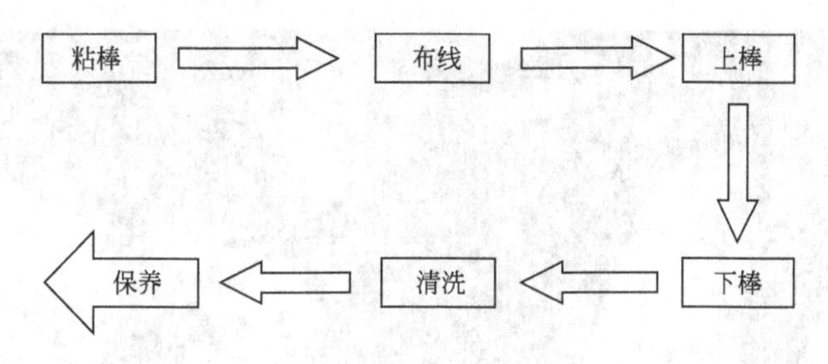

图 3-15 单晶硅开方工艺流程图

1. 粘棒

(1) 电源准备

① 检查电源连接是否完好。

② 检查各固定夹紧装置是否牢固，调节螺栓是否灵活、可靠。

③ 确认无误后开启电源。

(2) 粘棒准备工作

① 使用粘棒机校正工具确认粘棒机中心是否正确，校正后由线切方机长和粘棒人员共同确认并签字。

② 挑选单晶圆棒 25 根，晶棒直径要求≥153mm，每刀晶棒的长度差不能超过 50mm，根据随工单填写圆棒粘接生产记录，如图 3-16 所示。

图 3-16 挑选的圆棒

③ 分辨晶棒头尾：从单晶过来的每根晶棒都在其头部写有晶体编号，以分清头尾。

④ 确认待粘晶棒的长度、直径、崩边、编号是否与工艺单所记载的相符，外形是否呈“S”形（如有问题，需暂停加工，及时上报）。

⑤ 检查头部和尾部哪一端平整度较好，选择相对垂直一端作为粘接面，并用无水酒精擦拭干净，准备粘接。注意：如头部比尾部平整度好，需将晶体编号写在尾部，并在晶体编号前面加注“尾”字，如尾部比头部平整度好，需将晶体编号写在头部，并在晶体编

号前面加注“头”字。

⑥ 胶棒装入粘胶枪内，接通电源，预热，先进行融胶。

⑦ 用酒精无尘纸将晶棒的粘胶面、晶托、晶托夹具表面擦干净，如图 3-17 所示。

⑧ 打开粘棒机上的加热板开关，预热加热板。

⑨ 去除粘在晶棒上的标签，残余的胶需用无水酒精擦拭干净。

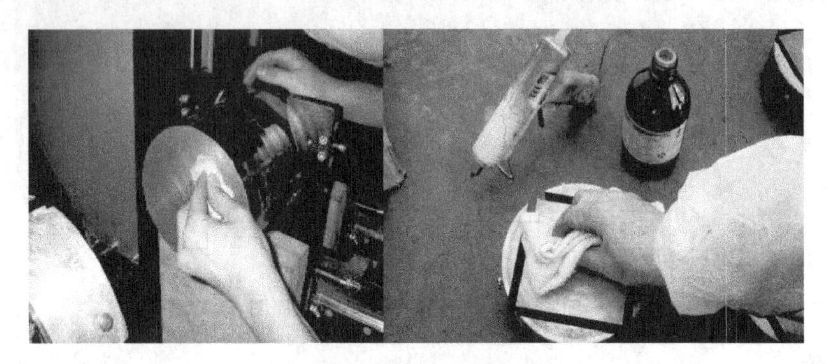

图 3-17 粘胶面与晶托的处理

(3) 晶棒粘接

① 把清洗干净的晶托安装到操作台上，将晶托安装在机器夹具上并锁紧，如图 3-18 所示。

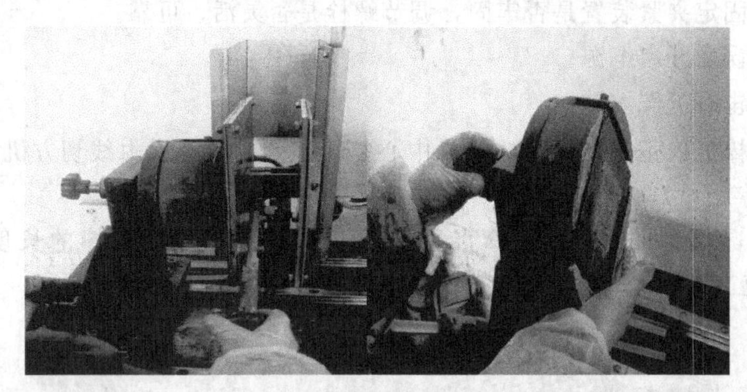

图 3-18 固定晶托

② 把支撑晶棒的 V 形夹具放在严紧装置的中间，将晶棒安装在 V 形夹具上，然后调整 V 形夹具，操作粘棒机夹紧装置使夹具四脚与晶棒接触；晶棒夹紧后整体向装有晶托方向慢慢移动至晶棒与晶托接触，轻轻转动晶棒，看晶托面与晶棒面是否平行，并转动晶棒使晶棒上的棱线对准晶托上的棱线，使圆棒保持水平，调节严紧装置，将晶棒夹紧后轻轻移开，固定好晶棒，如图 3-19 所示。对于棱线歪的圆棒粘胶时，要用直尺量下与直的棱线对齐。

③ 调整圆棒与晶托的接触面，将粘接面间隙最大的部分朝上，同时对准晶向。

④ 将晶托固定在粘胶机左端，拧紧螺钉，用无尘纸把晶托和晶棒的粘胶面擦干净，将加热板放下，对晶托、晶棒进行加温。使用涂胶枪在晶托与晶棒的粘接面上涂胶，平推晶棒使晶托与晶棒粘接，把两个紧固螺钉固定。调整好距离，一般留下 3～5mm 距离即可。加热到晶托、晶棒上的胶全部溶解为止。

⑤ 用粘棒枪分别在晶托和圆棒粘接面从上至下均匀涂满胶水。

⑥ 按下左右加热按钮，如图 3-20 所示。使用加热板对涂满胶水的晶托和圆棒粘接面进行加热，加热至有胶水流下为止。

图 3-19　固定晶棒

图 3-20　左右加热按钮

图 3-21　锁紧晶托与圆棒

⑦ 将加热板抬出，关掉左右加热按钮，让晶托和圆棒粘接在一起，并锁紧圆棒左右行程（图 3-21），使用鼓风机对粘好的晶棒吹风冷却 30min。

⑧ 取下已冷却的晶棒，对胶较少的部位进行补胶，同时对粘接面四周进行补胶并去除多余的胶水。注意补胶要确保缝隙都填满，等待固化 5～10min。

⑨ 待冷却之后，粘胶完成后松开夹具，取下晶棒，把每根棒的检验单放在晶棒顶部，以便跟踪查找，如图 3-22 所示。

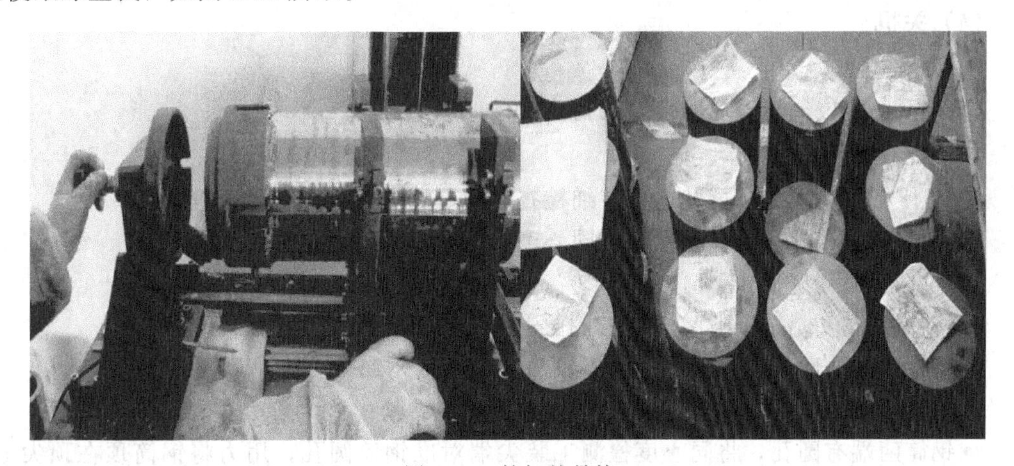

图 3-22　粘好的晶棒

⑩ 去除边料肩角处多余的胶，如图 3-23 所示，并检查四周多余的胶是否去除干净，确认无误，将已粘晶棒放至切方待切货架上。对于尖角处全部不用去胶，如图 3-24 所示。

图 3-23　清理余胶

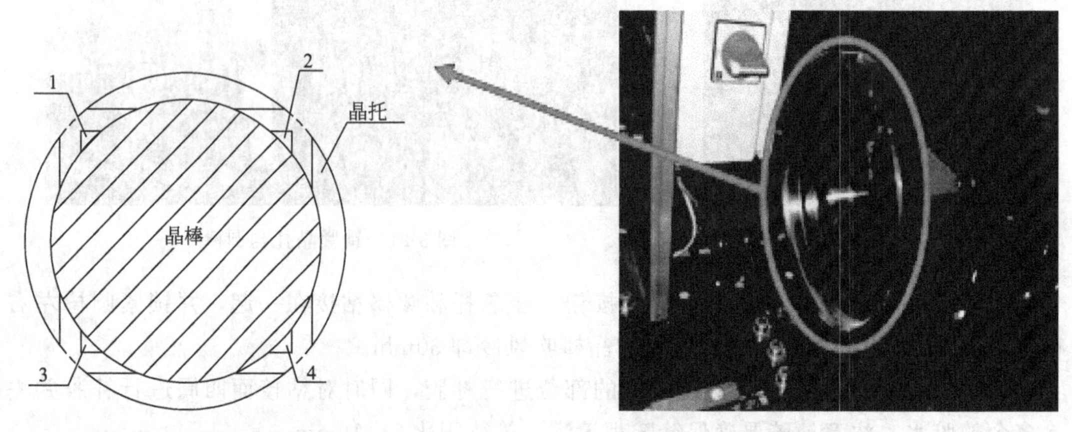

图 3-24　不用去胶的部位

注：1、2、3、4 尖角位置全部不用去胶

图 3-25　晶托固定装置

(4) 关机

① 关闭电源。

② 将设备复位，清理现场多余杂物。

(5) 晶托校准检验

① 晶棒粘好后操作人员一定要仔细检查晶向是否对准，晶棒是否歪斜。

② 每周两次用校准仪校准粘棒机同心度。

③ 同心度检测流程如下：

• 将粘棒机擦拭清理干净，取出晶托固定工装，如图 3-25 所示；

• 将检验同心度的工装安装到粘棒机两端，如图 3-26 所示；

• 将钢筒装夹到粘棒机上，用 V 形夹具将钢筒夹紧；

• 钢筒两端有圆孔，将同心度检测工装尖端对准钢筒圆孔，用力将钢筒顶在顶尖上，松开 V 形夹块上方的定位块，重新拧紧螺钉；

• 将顶尖和钢筒拿掉，装上晶托，固定工装，完成校准。

(6) 注意事项

① 注意不要触摸加热板，以免被烫伤。

图 3-26　检验同心度的工装

② 粘胶间隔期胶枪枪头不要朝向操作者。

③ 确认晶托与晶棒棱线已经对齐。

2. 布线

① 把在工作中所用的工具备齐，放到工作平台上指定的位置，如：13、17、19 号扳手，线轮，拉线杆，线砣，电子卡尺，剪线钳等，如图 3-27 所示。

图 3-27　布线辅助工具

② 布线前对所有滑轮进行检查，如图 3-28 所示。如发现滑轮切穿或线槽偏离的要及时更换，避免造成在切割中断线或接地报警停机。安装滑轮时用手扶住铝盘，一边转动一

图 3-28　检查滑轮

边用两大拇指用力把滑轮往下按。当滑轮凸出的地方完全卡进铝盘的凹槽时，转动铝盘并查看滑轮的摆动。如果摆动量过大，检查滑轮是否安装好或铝盘轴承是否磨损并及时处理。

③ 开始布线。首先把放线轮的线头系在线砣上，在触摸屏上点布线模式，然后按照顺序进行绕线，如图 3-29 所示。

④ 钢线由放线轮经过 1—2—3—4—5—6—7—8—9—10 号进入切割室，再由 50 号进入收线轮，如图 3-30 所示。

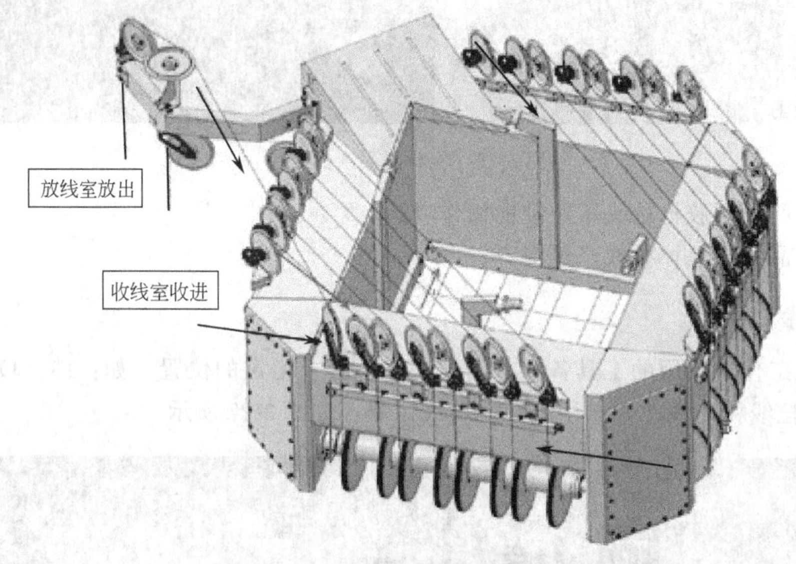

图 3-29　绕线顺序

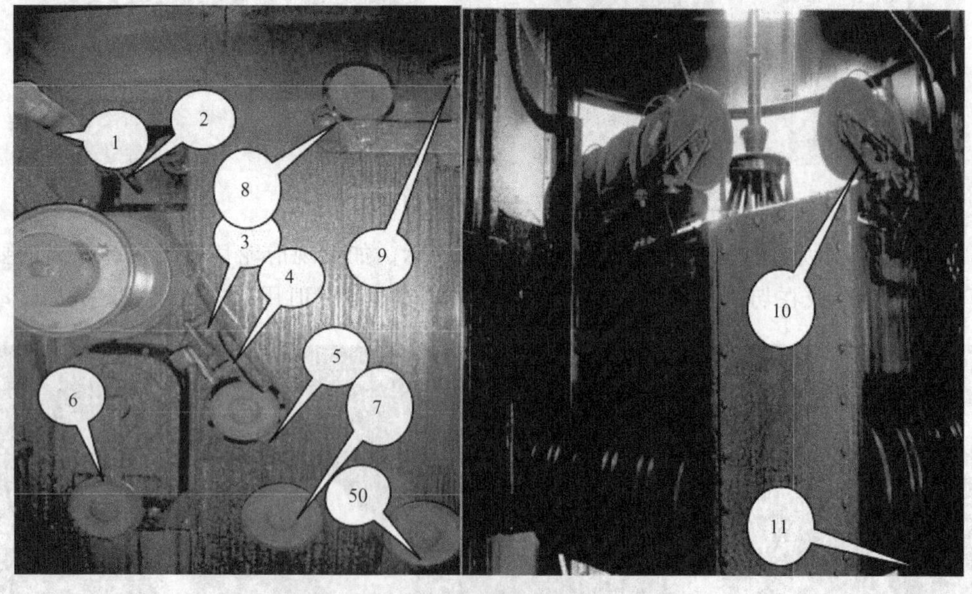

图 3-30　切割室绕线示意图

⑤ 从绕线室 9 号到切割室 10 号滑轮处，按顺序点击右张力、主轴马达，打开右张力－10N，连续按主轴马达加速键 4～5 次，然后从导轮和滑轮相对应的方向依次对切割仓进行布线。布线完毕后，将线绑在收线轮上，在触摸屏上打开左张力－10N，关闭布线模

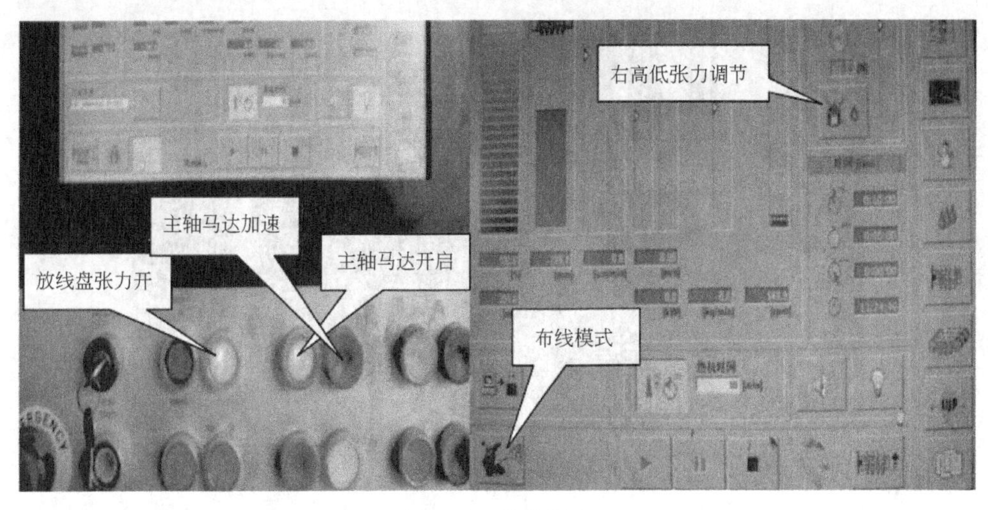

图 3-31　调节张力

式，如图 3-31 所示。

⑥ 跑线。当线网布好之后，关闭布线模式，打开跑线模式进行跑线，用 75N 的张力跑 120m 的线，线速为 2m/s。

3. 上棒

① 首先，在电磁工作台上铺一张 PE 膜并用力拉平整。然后，安装栅格板，栅格板上的定位孔朝右手边，将栅格板定位孔用酒精擦干净，再把栅格板面上的杂物用酒精清理干净，准备上棒，如图 3-32 所示。栅格板必须用 4 颗螺钉固定，严禁任意一角未固定即开机加工。

图 3-32　上棒准备工作

② 用手把晶棒抱到工作台上，将晶托对准栅格板定位孔并安装在工作台上，用手抱住晶棒晃动一下，检查所有晶棒是否就位。上棒时首先将较短的棒安置在中间，长棒装在短棒的周围，并检查晶托有没有装斜，晶棒上面有没有杂物，如图 3-33 所示。确认无误后上磁，上磁结束后切断电源。注意插头插座要把防尘帽盖上。

③ 点击显示屏上的∩键，升起电磁工作台，用车送到切割室内手动压线，如图 3-34 所示。

图 3-33 上好的晶棒

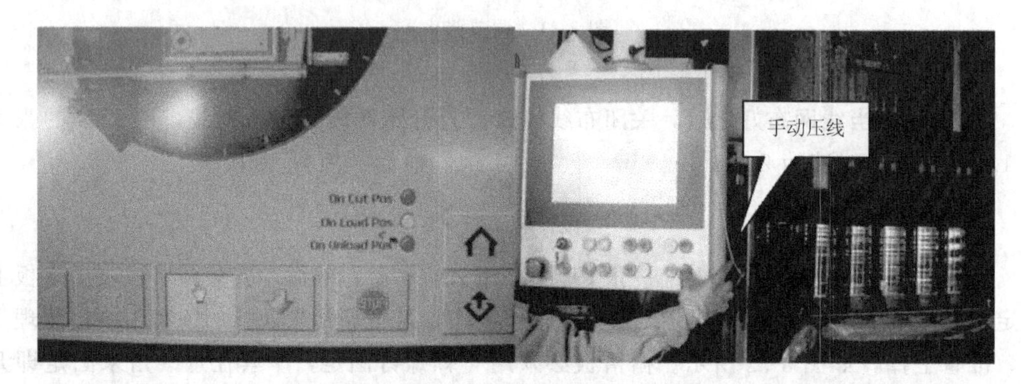

图 3-34 手动压线

④ 检查是否切偏，两线边不能超过 30mm，防止外圆未光现象，如图 3-35 所示。

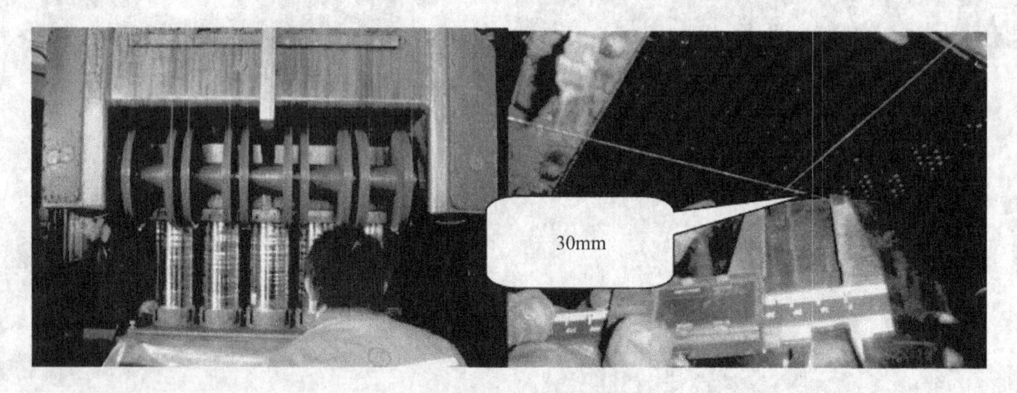

图 3-35 压好的线网及检测

4. 切割

① 检查完毕确认无误后，将切割线升到最高晶棒上方 3～5mm 处测量切割高度，并把切割室周围的安全门锁上。然后将显示屏上的冷却水、切割（砂浆）液打开，看到切割条件都已符合要求后打开钥匙，开始热机，如图 3-36 所示。

② 热机 10min 完毕，检查线槽是否对齐，有没有跳线，纱帘是否均匀，晶棒上面的喷嘴是否堵塞，砂浆密度是否在 1.66～1.70kg/L 之间，流量是否在 150～180kg/min 之

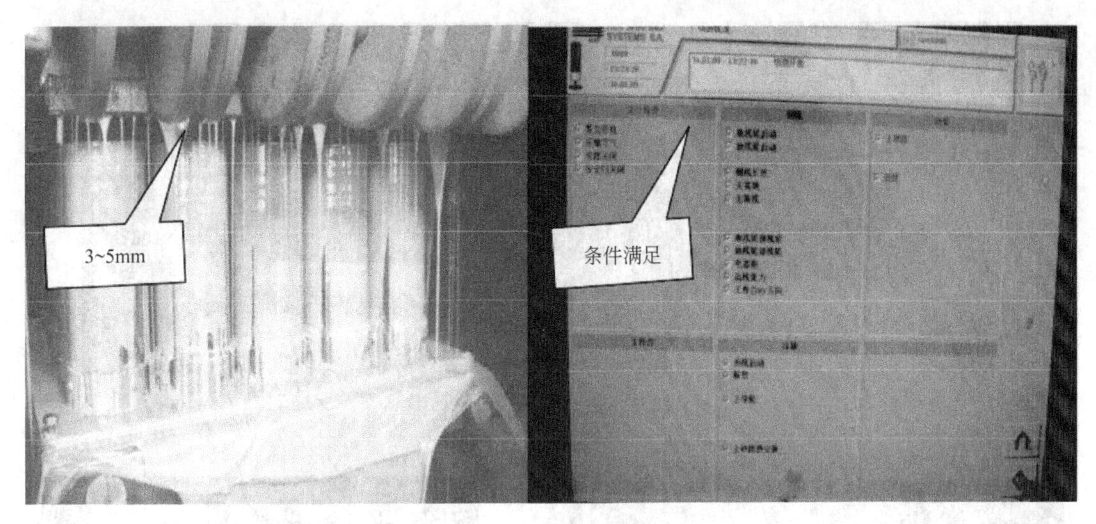

图 3-36　检查切割准备工作

间，冷却水的温度是否在 10～13℃之间，气压是否在 1.4～1.6MPa 之间等，砂浆密度、砂浆流量、冷却水温度、气压等是否有异常，如图 3-37 所示，确认没有错误后正式切割。在切割过程中不要触摸显示屏，防止其他人员意外碰触而导致非正常切割。

图 3-37　热机检查

③ 整理现场，将使用过的工具放回原处。用抹布清理机身，保持现场清洁有序。

5. 下棒

① 在机器即将切完晶棒之前，预先准备 25 个空泡沫盒，放在机器的两边用来放置方棒和边皮，如图 3-38 所示。

② 当机器切割完毕报警后，关闭安全旁路开关，打开切割室门，检查是否切透。倘若未切透，则调整切割长度，继续切割至切透。若发现切透，即可关掉左、右两边张力，如图 3-39 所示。

③ 用剪线钳把钢线剪断，如图 3-40 所示，顺着小滑轮方向拉出来，如图 3-41 所示。

④ 点击显示屏上的∩键，将电磁工作台升起并用车拉出。

⑤ 点击显示屏上的∪键，把电磁工作台降下减磁后开始下棒，如图 3-42 所示。上升过程中注意防止边皮料脱落，掉进切割室内。拉出来的过程中尽量保持匀速运动，避免崩边。

图 3-38 下棒准备工作

图 3-39 关闭左右两边张力

图 3-40 剪断钢线

图 3-41 拉出剪断的钢线

图 3-42 下棒

6. 单晶线开方去胶

(1) 准备工作

① 将开方后的晶棒小心移至去胶槽处。

② 加温：将加热去胶槽温度设为 85～90℃左右，打开加热开关。

③ 整理：整理和清洁工作台，准备放置去胶后的方棒。

④ 等待：加热水温直至85～90℃左右。

(2) 操作

① 将卸下的晶棒放入移动水槽内，将水槽拖至预清洗室，用清水将晶棒上的砂浆冲洗干净。

② 将晶托朝下依次竖直放入加热去胶槽中，使热水没过晶托粘胶部分，等待5min，如图3-43所示。

③ 戴上隔热手套，沿切割槽将边皮料推拿下，如图3-44所示。注意将方棒扶稳。

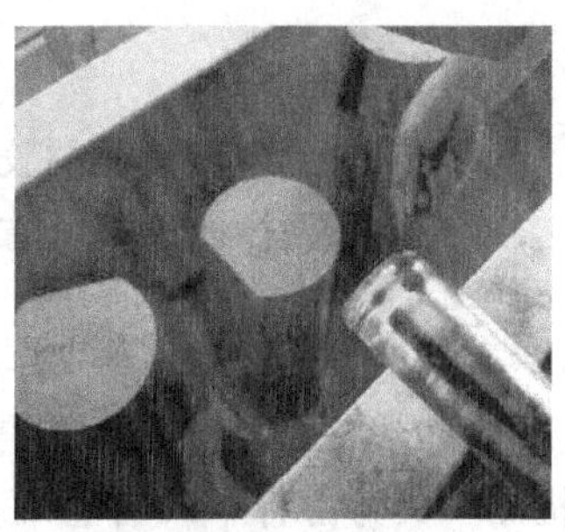

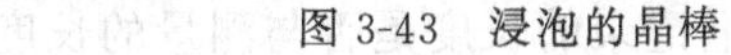

图3-43　浸泡的晶棒　　图3-44　推拿下边皮料

④ 取出方棒和晶托，将方棒横向放置于事先准备好的泡沫盒中，拿掉晶托，如图3-45所示。

图3-45　取出的方棒和晶托

⑤ 刮胶：立即用铲子和酒精将方棒和晶托上的胶去除干净。铲胶的时候要小心，避免崩边，如图3-46所示。

⑥ 给单晶硅棒编号，单晶编号沿用开方前单晶棒编号，如图3-47所示。

(3) 注意事项

① 去胶过程中操作人员不得离开。

② 待胶水软化后小心将四边的边皮料拿出，去掉边皮料上的胶后将边皮料放到废料箱中，如图3-48所示。

③ 注意取出晶棒的时候一定要小心，避免碰撞出现崩边。

④ 去胶后的方棒必须用酒精将去胶面残留的胶擦拭干净。

图 3-46 刮胶

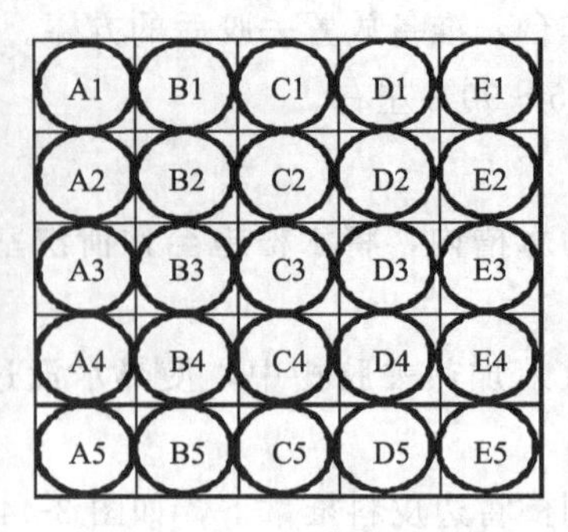

图 3-47 单晶编号

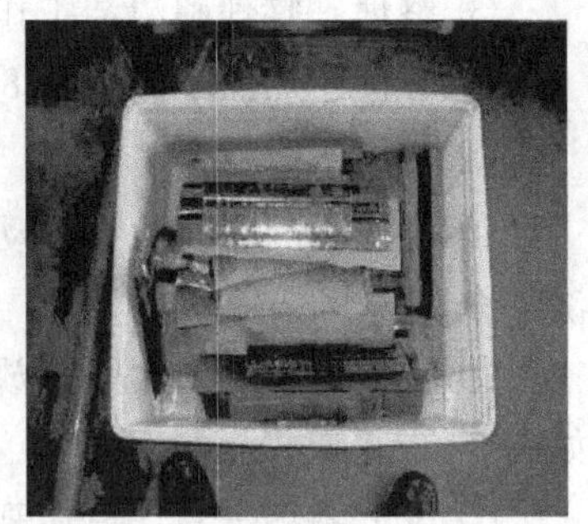

图 3-48 脱胶后的边皮料

(4) 检查

① 检查晶棒和晶托的胶是否清理干净。

② 检查晶棒四周是否有崩边。

7. 晶棒尺寸检验

开方结束后，需要对开方下来的棒进行检测，检验加工的产品是否符合尺寸。常用的检测工具为游标卡尺与卷尺，具体的检测步骤如下：

① 用卷尺测量准方棒的长度，并核对随工单上记录的长度是否与测量的长度相符合；

② 用游标卡尺测量两端方径尺寸共 4 个数值，并选择其中最大值和最小值记录在随工单相应的位置。

8. 检测中的注意事项

① 如检测出来的产品与标准规定不相符合，需要在随工单上注明。

② 生产过程中，需要对每根晶棒进行全检。

③ 检测工具需要每隔一段时间拿到品管部进行重新校正后，方可继续使用。

9. 布线

重新布线，具体布线内容同上。

10. 保养

(1) 电磁工作台保养

用抹布将电磁工作台上残留的砂浆清理干净，用酒精清理表面，再在导轨表面涂上一层油，进行电磁工作台的保养。

(2) 机器的保养

用缠绕膜将机器上的各个急停开关和收、放线轮封闭起来，打开安全门，关闭电源，用高压水枪进行机器内部清洗。表面清理干净后，打开机器重新布线，并用回收液模拟切割 5h，把机器内部的砂浆也清洗干净，以待下次使用。

11. 开方过程中的参考工艺数值

① 切割速度 900μm/min。

② 线速 10～13m/s。

③ 高张力　70～80N。

④ 低张力　10N。

⑤ 砂浆密度　1.66～1.70kg/L。

⑥ 热机时间　10～20min。

⑦ 气压　1.4～1.6bar（1bar＝10^5Pa）。

⑧ 冷却水温度　10～13℃。

⑨ 线槽更换时间　10 刀/次。

⑩ 小滑轮更换时间　2 刀/次。

⑪ 滚筒更换时间　6 刀/次。

⑫ PE 膜　1 刀/次。

⑬ 砂浆更换时间　8 刀/次。

⑭ 收线轮更换时间　7 刀/次。

⑮ 砂浆缸过滤网清洗时间　1 刀/次。

⑯ 机器整体清洗时间　30 天/次。

12. 注意事项

晶棒粘胶时一定要细心，粘胶机和晶托都要保持干净。粘胶机导轨要经常打油，禁止不粘硅棒时加热板在空加热，每时每刻都要对粘胶机的准确性进行校正。

热机完毕，操作人员一定要亲自动手检查线槽。

[任务小结]

序号	学习要点	收获与体会
1	开方机的结构及开方原理	
2	单晶开方的完整操作工艺	
3	单晶开方的工艺参数	

任务三　多晶硅开方

[任务目标]

（1）掌握多晶硅开方操作工艺流程。

（2）掌握多晶硅开方的控制要点。

（3）熟悉多晶硅开方工艺参数。

[任务描述]

多晶硅锭切割成硅片，首先需要将硅锭的边皮料切除，并将硅锭切割成线切机可加工

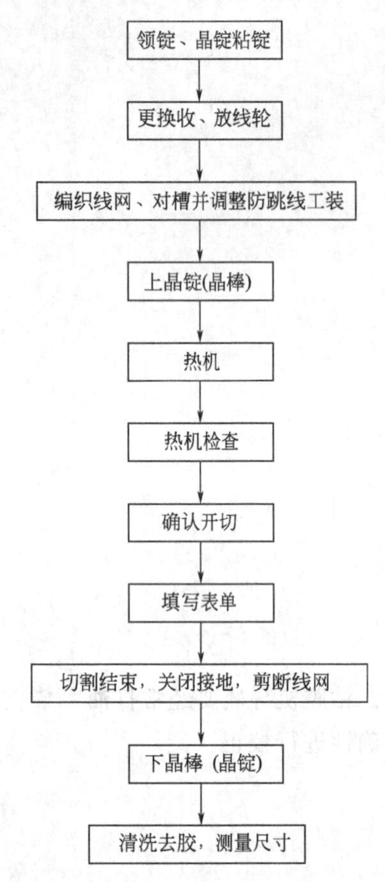

图 3-49　多晶硅锭开方工艺流程

范围的小硅块。本任务主要学习多晶硅锭的开方工艺。

[任务实施]

目前光伏产业开方工艺中，应用较多的设备是 HCT 开方机。本任务以 HCT 开方为例进行重点讲解。

多晶硅锭的开方工艺流程如图 3-49 所示。

1. 准备工作

由于多晶硅锭与单晶硅棒不同，多晶硅锭重量较大，需要电动铲车、液压拖车等工具。在进行开方前，需要事先准备好设备与材料。

常用的设备与材料如下：

① 线开方机器、粘锭用电动铲车、叉车、液压拖车、装拆收放线轮工装、周转车；

② 工作服、工作鞋、安全眼镜、手套；

③ 清洁纸、塑料布、胶带、酒精、金刚砂、钢线、滚套、宽滑轮、窄滑轮、批灰铲、泡沫胶、橡胶垫、检测工具；

④ 斜口钳、剪刀、记号笔；

⑤ 扭力扳手、黄油、润滑油、维修工具 82 件套。

2. 领锭

① 穿戴好工作服、劳保鞋。

② 打印材料出库单，使用叉车从多晶车间领出硅锭，小心轻放于开方车间指定的硅锭存放处，并做好相应记录。

3. 粘锭

① 清洁粘锭用的晶托底部，将晶锭用龙门吊车吊起来，准备粘锭。

② 在工件台上放置垫片，便于脱胶，垫片位置如图 3-50 所示。

图 3-50　放置垫片的工作台

③ 准备好聚氨酯泡沫填缝剂，将泡沫胶底部按下约 10s 进行混胶，然后上下摇晃 20～30s。

④ 将聚氨乙烯胶均匀喷涂在工件上，由外向内依次喷出，保证边缘与中间涂胶厚度基本相等，如图 3-51 所示。

图 3-51　往工件均匀喷涂聚氨乙烯胶

⑤ 喷胶完毕，用龙门吊车将硅锭正放于工件台上，迅速将晶锭与晶托进行定位，如图 3-52 所示，使晶锭位于晶托中心位置并固化 5～10min，待泡沫胶硬化后方能松开，固化 3～4h，如图 3-53 所示。

⑥ 填好硅锭随工单。

⑦ 用金属棒固定在晶托四周，防止下棒时边皮因没有粘牢而掉落，如图 3-54 所示。

图 3-52　放置硅锭

图 3-53　粘好的硅锭

图 3-54　插好扶栏

⑧ 粘锭泡沫胶无论大小锭都只用1瓶半左右，不超过2瓶。

4. 开方机开机准备

① 打开位于机台顶部的冷却水进水和出水控制阀。

② 打开位于机台顶部的压缩空气控制阀。

③ 打开位于机台顶部的浆料管阀。

④ 打开位于机台侧边的电源主开关在“ON”位置。

⑤ 待电脑启动主界面时，复位工作台、左右排线臂，并开启主冷却水、砂路与导轮冷却水。

⑥ 将机台上的浆料进口管道连接对应位置，如图3-55所示。

⑦ 根据砂浆缸插头线上的“标签”将插头插入对应槽内，如图3-56所示。

⑧ 将回流缸上的浆料出口管道与砂浆缸上的对应接口连接，如图3-57所示。

图3-55 安装浆料进口管

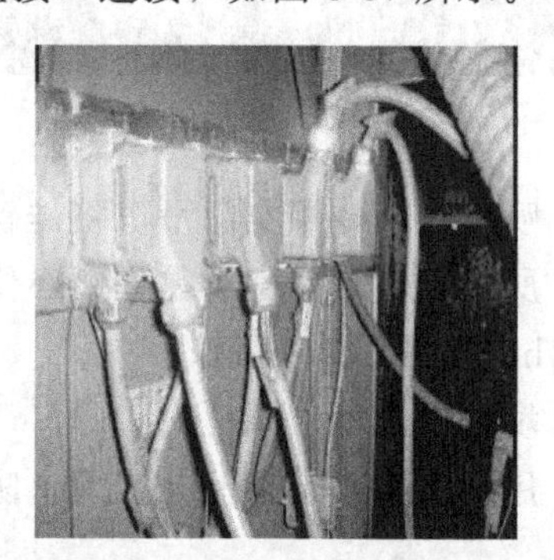

图3-56 连接浆料缸插头

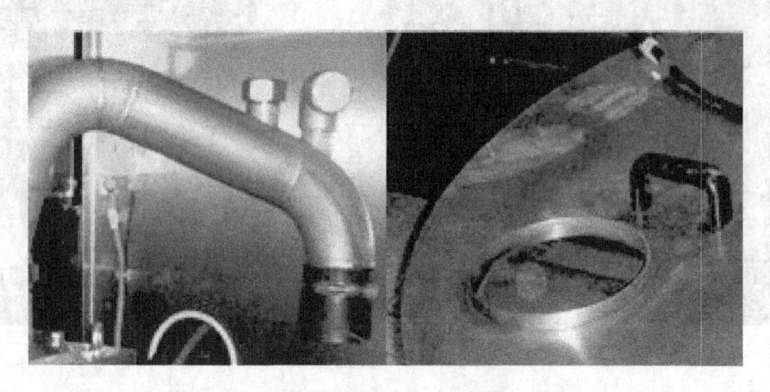

图3-57 连接回流缸出口与砂浆缸的接口

5. 收放线轮的安装

(1) 收线轮的安装

空收线轮轴承与收线轮停止阀分别如图3-58和图3-59所示。

① 用纸清洁锥形块锥面、导向管表面、收线轮两端锥面和卡盘锥面。

② 将专用车手臂与收线轮轴承相对，转动收线轮，沿定位销装入收线轮，如图3-60所示，将收线轮轴上的卡位与收线轮的凹槽咬合，如图3-61所示。

③ 用定位器固定收线轮，如图3-62所示。按住扳手尾部开关的同时，左右移动刻度调节阀，调节至所需刻度（收线轮力矩约为150N），如图3-63所示。

图 3-58　空收线轮轴承

图 3-59　收线轮停止阀

图 3-60　装入收线轮

图 3-61　收线轮与轴承咬合

图 3-62　固定收线轮

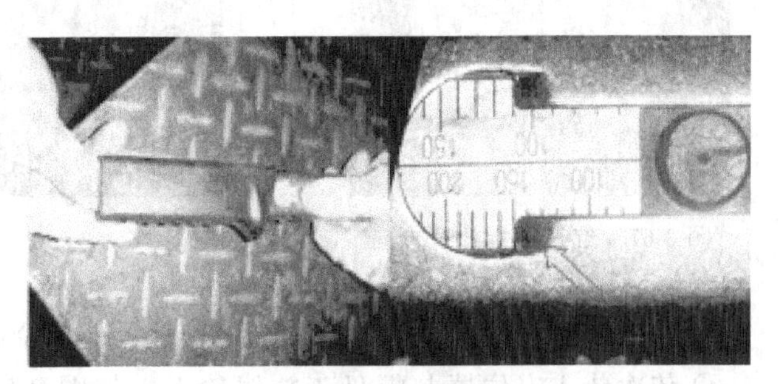

图 3-63　调节扳手刻度

④ 用定位器固定收线轮，如图 3-64 所示，将扳手装在螺母上，转动扳手，如图 3-65 所示，直到听到扳手转动到位（出现响声），松开定位器，将收线轮转动半圈，再用定位器固定，转动扳手听到响声后安装完毕。收线轮安装完毕，将定位器打起，如图 3-66 所示。

图 3-64 固定收线轮

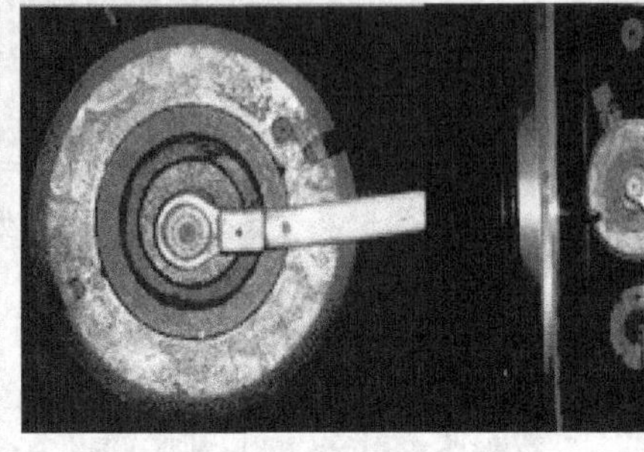

图 3-65 转动扳手

图 3-66 打起定位器

⑤ 根据收线轮内外法兰内缘至机器臂的距离，在显示屏上设置量取的参数。

(2) 检查钢线长度是否需要更换

① 切一个锭最少使用钢线 7.5km。

② 排线轮、张力臂滑轮、高支架滑轮、转向轮每切一刀更换一次。

(3) 放线轮的安装

① 用纸清洁锥形块和导向管。

② 开封的新线轮，包装纸上的箭头表示放线方向，如图 3-67 所示。开方用的新钢线直径一般为 250μm，长度为 200km。

③ 用上钢线专用车取新钢线进行安装。将专用车手臂口与放线轮轴承相对，沿定位销装入放线轮，左右旋转放线轮将钢线推入。推入时观察中心位置是否与机器上的定位对位，如对位，用力将放线轮推进去，同时注意是否推到位。将新线轮推入时注意箭头所指为放线方向，如图 3-68 所示。

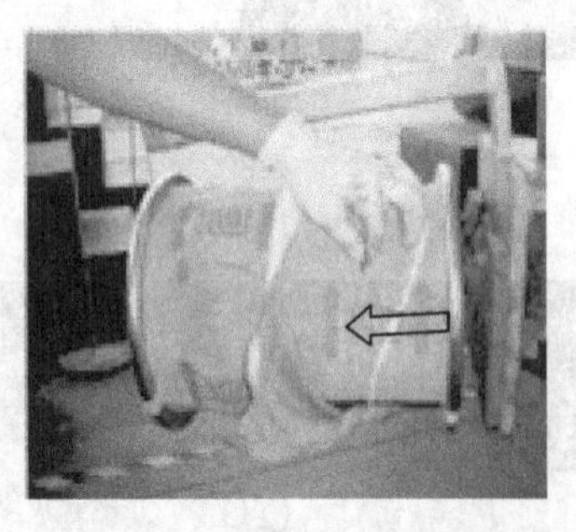

图 3-67 红色所指放线方向

图 3-68 推入新线

④ 将放线轮上的两个卡位与放线轮轴承上的两个凹槽咬合，如图 3-69 所示。

⑤ 依次装入定位器与螺母于放线轮上，如图 3-70 所示，并将扳手力矩调为 180N，安装方法与收线轮相同，最后装上防护外壳，如图 3-71 所示。

图 3-69　安装放线轮

图 3-70　（左）装入定位器（右）安装螺母

图 3-71　安装防护外壳

⑥ 先去除包装纸，再将封条去除，把放线轮钢线清零，在弹出的框中输入 195（输入值＝新线轮总长－5km）。

6. 滚筒与滑轮的检查

（1）滚筒的检查与更换

① 检查绕线室的滚筒表面是否有磨损或凹槽，有即更换，新滚筒及需要更换的滚筒如图 3-72 所示。

(a) 绕线室

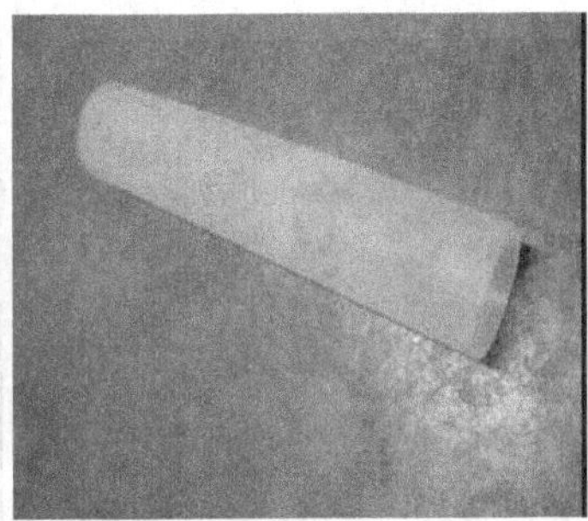

(b) 新滚筒

(c) 需要更新的滚筒

图 3-72　滚筒

② 更换的时候，一手固定滚筒主体，一手持扳手逆时针松开螺母，先后分别取下螺母和固定片、磨损滚筒，如图 3-73 所示。

③ 依次装上新滚筒、固定片，并用扳手将螺母顺时针拧紧。

（2）滑轮的检查与更换

① 检查绕线室所有大小滑轮是否磨损严重，有即更换，如图 3-74 中的带红星与箭头所指的位置。

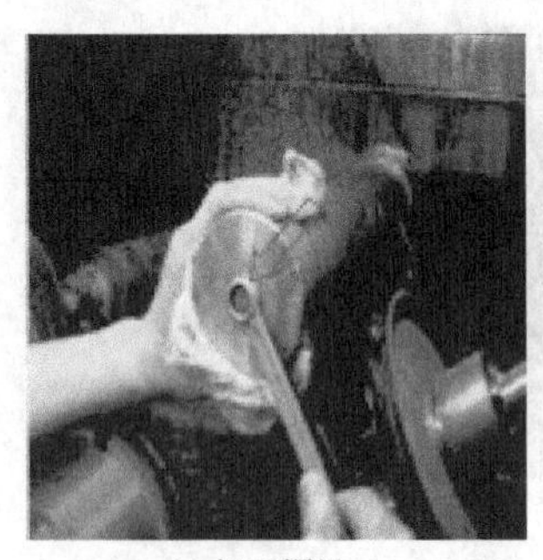
(a) 松开螺母

(b) 取下螺母与固定片

(c) 取下磨损滚筒

图 3-73 取下滚筒

图 3-74 检查绕线室的滑轮

图 3-75 检查小滑轮

② 检查切割室所有小滑轮是否磨损严重，有即更换，如图 3-75 所示。

③ 需要更换滑轮时，用手直接取下磨损滑轮，滑轮取下后，将新滑轮装上，如图 3-76 所示。

(a) 正在去滑轮

(b) 取下滑轮后

(c) 安装新滑轮

图 3-76 安装滑轮

7. 编织线网、对线槽并调整防跳线

① 点击显示屏，在显示屏弹出对话框中输入布线时工作台下降的高度，使工作台自动下降到设定位置，开启小张力 10N。

② 取一段钢线吊住线砣，量取工作台小滑轮凹槽竖直位置是否与下方对应的导轮槽在同一直线上，如图 3-77 所示。

③ 调整小滑轮座，使小滑轮凹槽与下方对应的导轮槽在同一竖直线上，如图 3-78 所示。点击主页面上的设置按钮，使其呈现下凹状态，打开布线按钮，关闭断线检测按钮，如图 3-79，进入布线模式。

图 3-77　检查滑轮凹槽与导轮槽是否对齐

图 3-78　调整小滑轮座

(a) 布线按钮

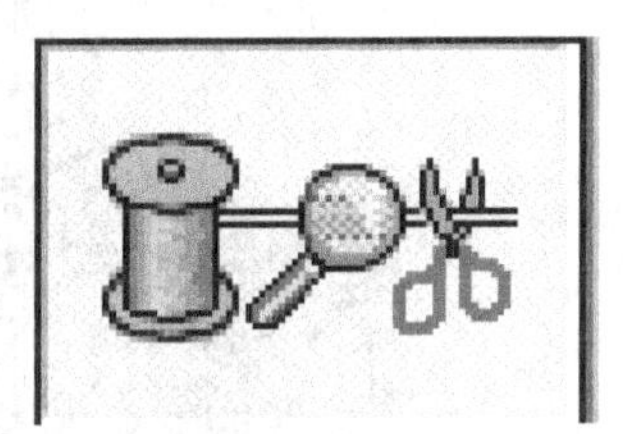

(b) 断线检测按钮

图 3-79　布线模式

④ 将放线轮一端线头固定到线砣上进行布线，如图 3-80 所示。

⑤ 拉住线砣，通过右张力臂滑轮组，将钢线引入切割室，如图 3-81 所示。

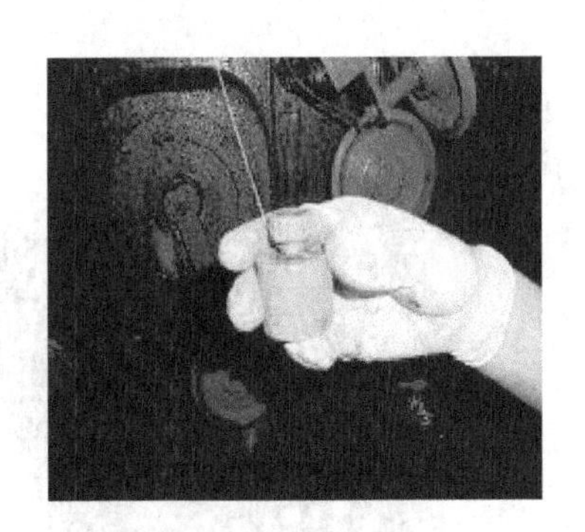

图 3-80　固定线头

图 3-81　将钢线引入切割室

⑥ 钢线通过主导轮左侧第一个滑轮后，将线砣固定到箭头所指位置，如图 3-82 所示。

⑦ 点击右张力开启按钮，待按钮常亮后，开启主电机，按图 3-83 中箭头所指顺序布置线网开始布线，槽位布置如图 3-84 所示。

⑧ 用拉线杆将系有钢线头的线砣勾住另一端，如图 3-85 所示。切割室布线完毕如图 3-86 所示状态。

图 3-82　固定线砣

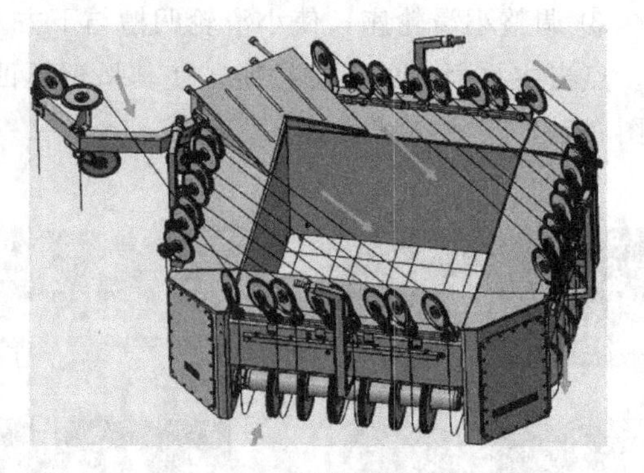

图 3-83　布置线网顺序

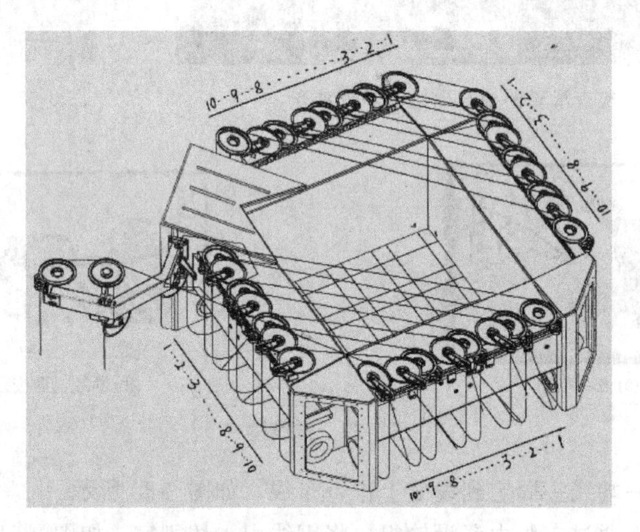

图 3-84　槽位布置图

图 3-85　钩住钢线

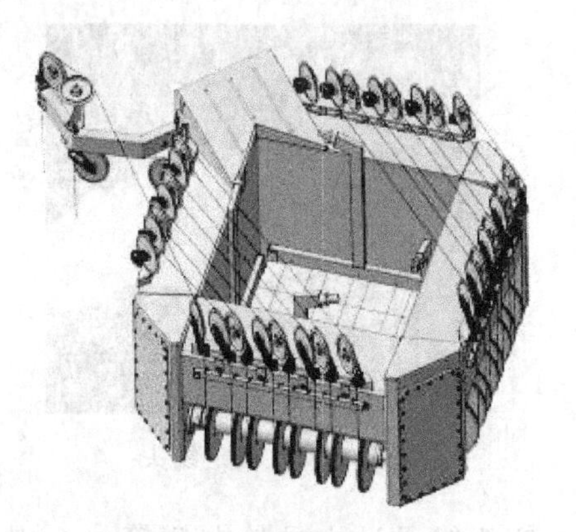

图 3-86　布线完成图

⑨ 线网按照以上图示布置好后，将线引进绕线室，按图 3-87 将钢线绕到收线轮上，并固定好。

⑩ 将切割室引出线头和收线轮线头打结，如图 3-88 所示；将收线轮接好线且保证线头在收线轮上绕 10 圈左右，如图 3-89 所示。

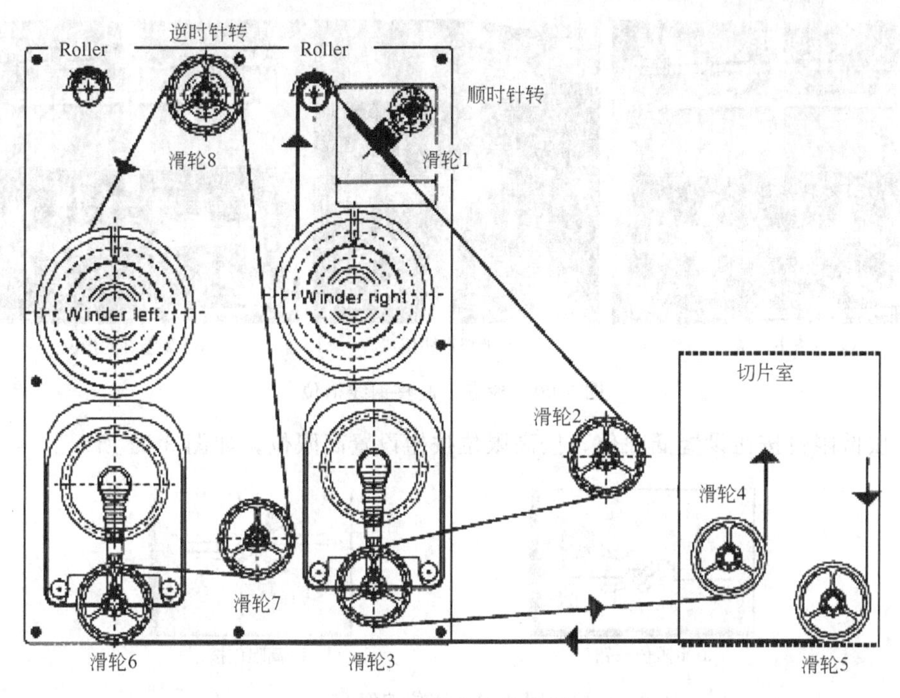

图 3-87　绕线室示意图

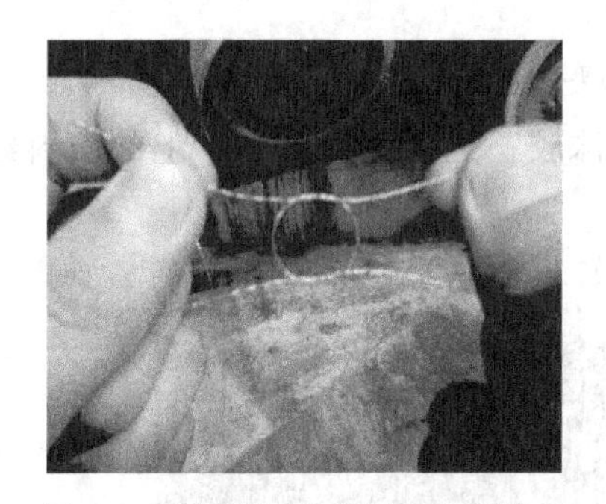

图 3-88　连接切割室与收线轮线头

图 3-89　线头在收线轮上缠绕

⑪ 点击左张力开启按钮，待按钮常亮后，开始下步操作，结束布线。

⑫ 线网布置好后，观察控制面板上有无钢线接地报警，如有，立即检查钢线布置，看钢线有无搭在一起或者搭靠在机器上，如有则要处理掉，直到控制面板不显示接地报警为止。

⑬ 加左右张力，按手动走线按钮，让线网缓慢走动，检查钢线是否在正确的槽位内。如不在，将钢线调整到正确的槽位内，并检查是否与控制面板上所显示的槽位一致，操作如图 3-90 所示，防止钢线错位后切偏，使切出的硅块尺寸偏小。每切 10 刀需要更换一次槽位，视具体情况而定，最多用 10 刀。调整好槽位后，停止走线，用一段钢线拴着一个重物作为“铅锤”，沿着线网滑轮用手固定，让“铅锤”自由垂下，观察滑轮和滑轮支架是否与对应的槽位在一条直线上，如不在，则需调整滑轮支架，直到调整好为止。

⑭ 对完线槽后，开左右张力各 60N，用 2m/s 的线速自动走线 200m。走线过程中，使工作台复位，上升至最高点。

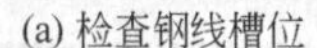

(a) 检查钢线槽位　　(b) 调整钢线位置　　(c) 调整好的槽位

图 3-90　检查、调整钢线槽位

⑮ 按低限位按钮设置低限位，按高限位按钮设置高限位，如图 3-91 所示。

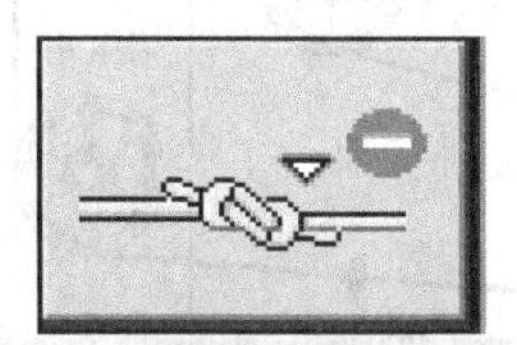
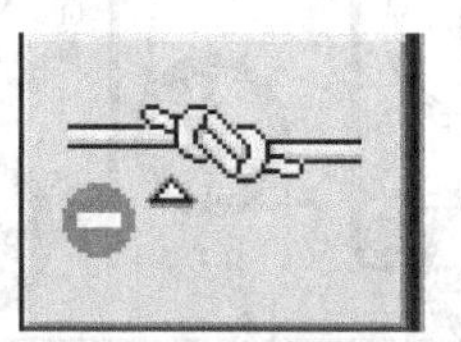

(a) 低限位按钮　　(b) 高限位按钮

图 3-91　限位按钮

8. 上锭及工作台定位

① 穿戴好工作服、劳保鞋，戴上劳保手套和帽子。

② 领取粘锭完毕的晶锭并去除旁边多余的泡沫胶；更换上卸料小车上的塑料纸，固定架放在上面。

③ 使用叉车将硅锭从存放处运送至开方机行车上，如图 3-92 所示。

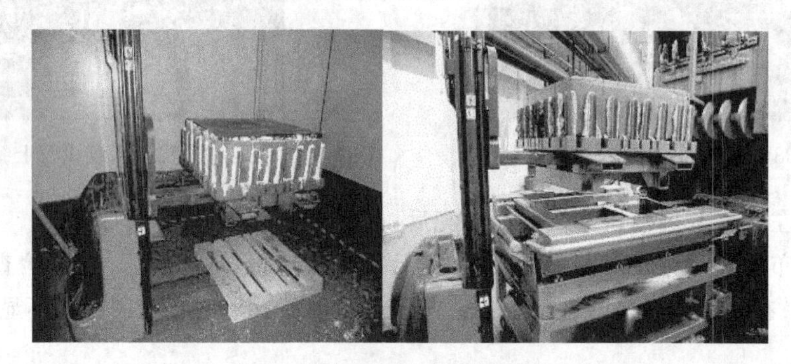

图 3-92　运送硅锭至行车上

④ 将硅锭托盘和行车位置对正，此时注意位置应准确对齐行车上面 4 个可伸缩支撑点，然后抽出叉车，如图 3-93 所示。

⑤ 将切割室左侧安全门关闭，如图 3-94 所示。

⑥ 点击控制屏“上锁”键，使其呈下凹状态，观察控制屏上箭头所指位置，显示绿色即可进行下一步操作。

⑦ 点击工作台上升按钮，升起行车上面 4 个支撑点，使硅锭从行车上升起，把硅锭推送至切割室，如图 3-95 所示。

图 3-93 对齐硅锭与行车

图 3-94 关闭左侧安全门

⑧ 下降支撑点，拉出行车。

⑨ 按下“TABLE DOWN”的同时，按下“ TABLE OVER”，把硅锭托盘放入切割室，下降工作台，使低线位面切割钢线距离硅锭表面最高点约 2～4mm，如图 3-96 所示。

⑩ 用线砣校正切割位置，如图 3-97 所示。

⑪ 用扳手扭动定位螺钉使工作台移动，使线切割方向与工件台空隙对齐，防止钢线在切割至尾部时切割到工件板，如图 3-98 所示，并紧固工作台，防止切割过程中的工作台移位，如图 3-99 所示。

图 3-95 将硅锭推进切割室

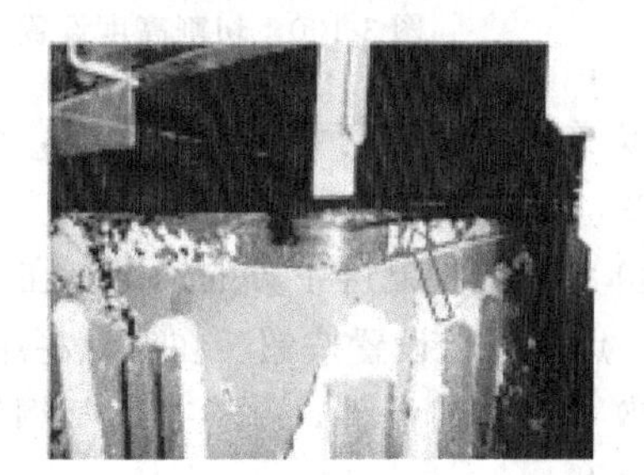

图 3-96 线网定位

图 3-97 切割位置校正

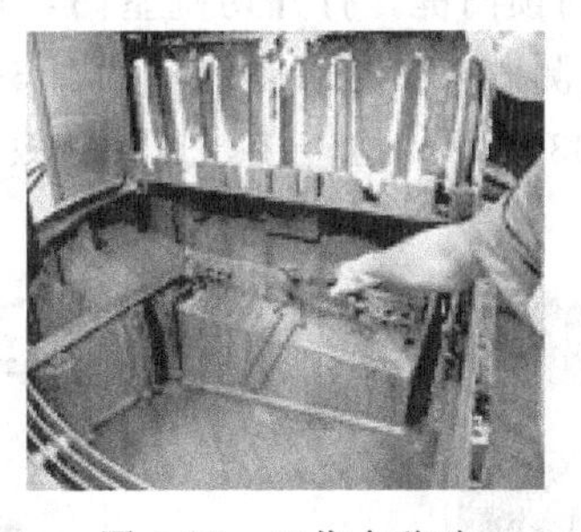

图 3-98 工作台移动

图 3-99 工作台定位

⑫ 设置进刀零点：

a. 在钢线定位画面按“左连动接通”和“右连动接通”键；

b. 选择进刀画面，按“▽”（低速）降低进刀单元；

c. 进刀单元停止在工件上端刚好与钢线接触的位置；

d. 按下“复位”键；

e. 按“△”（低速）键，进刀单元上升 1mm 位置停止。

⑬ 在砂浆管理界面，点击砂浆开启按钮，开启砂浆，确认数值在 1.685～1.70kg/L 之间。

⑭ 用钢尺测量切割高度 H，通过触摸屏将数值输入至切割高度项中，如图 3-100 所示。

⑮ 检查切割室内工作台 4 个砂帘无断帘，如图 3-101 所示。

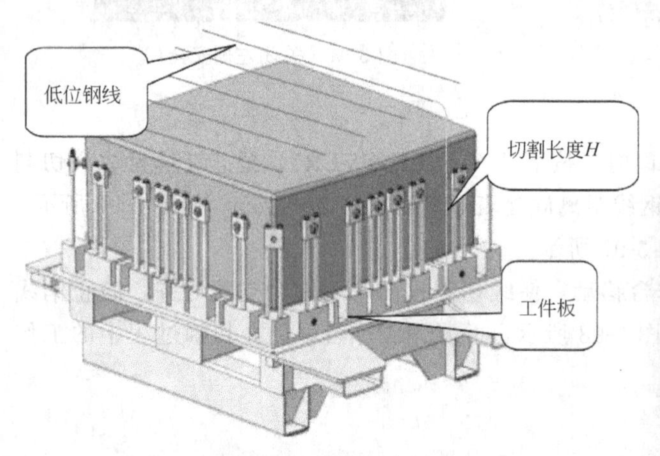

图 3-100 切割高度设置

图 3-101 砂帘检测

⑯ 关闭绕线室与切割室安全门，点击触摸屏上面的锁门键，使其呈下凹状态，点击信息栏，确认无报警存在。

⑰ 将电脑控制屏下方的锁键打在“SAFE”位置，检查所有选项前的白色方框都打上“√”，点击零点设置按钮，在对话栏中输入切割日志编号。

⑱ 检查切割条件，并检查切割钢线是否触碰到机体，符合切割条件后开始热机，热机时间为 10min。

⑲ 待 10min 的热机时间结束，点击暂停键，将电脑控制屏下方的锁键打在“BY-PASS”位置。点击主界面上的锁门键，打开切割室门，再次检查切割室内工作台 4 个砂帘无断帘，砂帘是否均匀，目测砂浆帘是否断流，如图 3-102 所示。检查每一个导轮槽位正确，无跳槽现象，如图 3-103 所示。检查接地是否有效（观察操作面板上断线检测电压是否在 2～10V 范围内）。

图 3-102 检测砂帘

图 3-103 检测导轮槽位

⑳ 确认线槽对齐，钢线与机体无接触，砂帘均匀后，关闭切割室门，关闭安全旁路开关。

㉑ 在触摸屏上确认切割条件是否符合，满足切割条件后点击锁门键，使其呈下凹状态。将电脑控制屏下方的锁键打在“SAFE”位置，按切割开始进行自动切割。

㉒ 触摸屏清屏后锁定，防止其他人员意外触碰而导致非正常切割。

㉓ 整理操作现场，将使用过的工具放回原处，用抹布清理机身，保持现场清洁有序。

9. 下锭

① 穿戴好工作服、劳保鞋和防浆帽。

② 从触摸屏处获得下锭时间，离下锭还有 10min 时将所需工具准备好，如图 3-104 所示，放于指定位置。

图 3-104 下锭工具

③ 待切割完毕，机台自动停机报警后，主页面显示 100%，且任务栏显示“切割结束”。将电脑控制屏下方的锁键打在“BY-PASS”位置，点击主界面上的锁门键，打开切割室门，检查高线位是否完全切透硅锭。

④ 发现未切透，则调整切割长度，继续切割至切透。

⑤ 发现已切透，则开启小张力 10N，用斜口钳将废钢线剪掉，如图 3-105 所示。将钢线收入回收桶，在显示屏上点击工作台复位按钮，复位工作台。

⑥ 硅锭切好后，用扳手松开位于工作台四角的 4 个固定螺钉，并将行车推入切割室内，如图 3-106 所示。

图 3-105 剪取废钢线

图 3-106 行车推入切割室

⑦ 点击工作台上升按钮，上升工件台至最高点，使硅锭从行车上升起，将切割完成的硅锭用行车拉出切割室，如图 3-107 所示。将硅锭表面砂浆用小铲铲回切割室，点击工作台下降按钮，将硅锭放到行车上，用电动叉车将行车上的硅锭叉起，如图 3-108 所示。

⑧ 用叉车将硅锭从行车上取下，送至清洗房清洗，如图 3-109 所示。

图 3-107　行车拉出硅锭

图 3-108　电动叉车叉起硅锭

图 3-109　硅锭拉至清洗房及清洗架上的硅锭

⑨ 准备上锭，参考上锭工艺。

10. 清洗

① 用高压水枪冲洗硅锭，此时注意切缝中也要冲洗，如图 3-110 所示。

② 冲洗完毕，保证在硅锭目视范围内无砂浆等杂物，如图 3-111 所示。

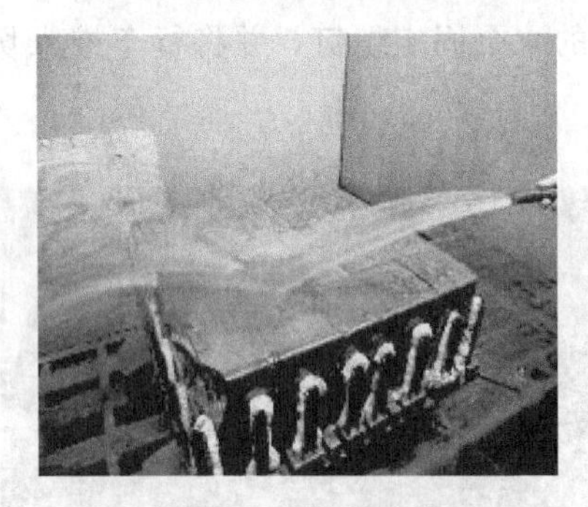

图 3-110　冲洗硅锭

图 3-111　冲洗完毕的硅锭

③ 用压缩空气吹硅锭表面，去除大部分水分，并将硅锭表面吹干后编号，边料入箱，如图 3-112 所示。

图 3-112　边料入箱

④ 用碳素笔在切好的硅块上写上编号，并标明氩气方向。多晶硅的编号方法如图 3-113 所示。图中为 G5 开方的编号，同理 G4、G6 编号类推，方块编号＝硅锭编号＋位置号。

A1	B2	B3	B4	A5
B6	C7	C8	C9	B10
B11	C12	C13	C14	B15
B16	C17	C18	C19	B20
A21	B22	B23	B24	A25

图 3-113　硅块编号

⑤ 将切好的硅块小心地取下，如图 3-114 所示，放置到硅块转运车上。

⑥ 将编号后的硅块手工搬到运送车上。注意：搬运时硅块应落在运送车的塑胶膜上，并且是先以倒角边落下，如图 3-115 所示，然后平放至塑胶膜上。

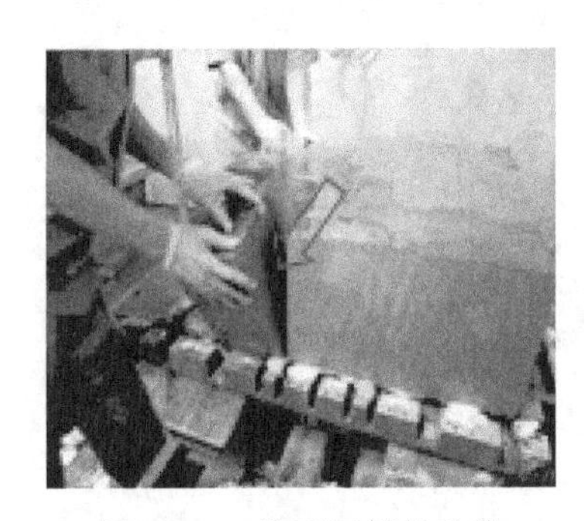

图 3-114　取下切好的硅块

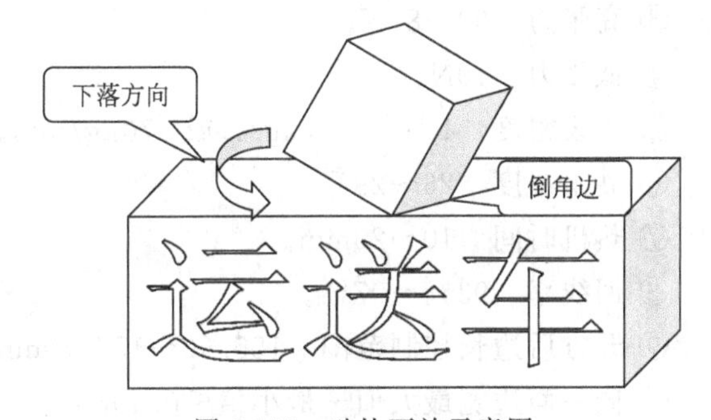

图 3-115　硅块下放示意图

⑦ 将确认好的硅块推入硅块检测室进行检测，如图 3-116 所示。

⑧ 清洗粘锭托盘，清洗后的托盘如图 3-117 所示。

11. 急停开关的使用

紧急停止开关如图 3-118 所示，是用于出现突发性事件时，紧急停止运转中的机器，将中间红色按键按下即可。若事件处理完毕，将此按键拉起即可恢复切割。非紧急情况勿使用此急停开关。

图 3-116 运转硅块

图 3-117 清洗后的托盘

图 3-118 急停开关

12. 多晶开方过程中的参考工艺数值及要求

① 切割速度 600～800μm/min。

② 线速度 12～14m/s。

③ 高张力 60～80N。

④ 低张力 10N。

⑤ 砂浆密度 1.65～1.7kg/L 或 170kg/min。

⑥ 砂浆温度 26～29℃。

⑦ 热机时间 10～20min。

⑧ 回线率 93%～97%。

⑨ 开方后边长控制范围 155.90～156.70mm。

⑩ 同一面边宽最大值－最小值≤0.40mm。

13. 断线异常处理

① 开方过程中断线，则抽出硅锭内钢线，上升工作台重新织线网压线切割，此时钢线张力（70N），缓慢转动线网（1.5m/s），手动下降工作台（10～25mm/min）。下降过程中观察线弓情况，若线弓高于 15mm，停止工作台（检查钢线是否正确进入硅锭切割缝隙内），直到线弓消失，再次下降工作台直至达到断线点高度前 1mm，确认各项参数正确后继续切割。

② 如果遇到压线压不下去的情况，则重新设置切割零点后进行切割。

③ 低线位切透，高线位未切透断线，先进行重新压线操作，如无法下压，则直接将硅锭下机进行清洗（取块时要小心切勿崩边）。有较大凸起块的硅块，进行修整后再送检。

④ 机床断线后，写明断线时间、原因及处理情况，并由负责人重新检查线网后才能开启，所有记录必须真实清楚，不得涂改。

⑤ 抽钢线注意：断线时如果钢线夹在切割缝隙里不好取出，用尖嘴钳夹住钢线向上提，防止断线头存在于硅锭当中，导致后期切割断线。

14. 单晶与多晶开方工艺中的注意事项

① 随时保持工作场所的清洁及做好5S，所有人进入车间必须按要求穿戴好工作服、劳保鞋等安全防护用品。

② 严禁任何人私自打开所有设备配电柜以及辅助设备开关柜。

③ 单晶粘胶时严禁用手触摸加热板。

④ 多晶粘胶时除操作人员外，其他人员远离龙门吊。操作人员严禁站在龙门吊下方。

⑤ 切割前检查滑轮是否勒痕过深、是否切透、是否使用错误，滚筒无勒痕，导轮线槽是否切透、是否安装到位。

⑥ 布完线网后需检查导轮各片轮槽中的钢线是否与对应的粘锭台切入槽在同一竖直线上，导轮槽使用顺序为1—3—5—7—9、2—4—6—8—10。

⑦ 布完线网后需检查导轮各片轮布线槽是否统一。

⑧ 硅锭在切割过程中须对线槽进行检查，避免产生切割不良。

⑨ 员工对线槽位置确认无误之后，必须由班组长再次确认。

⑩ 叉车将硅锭叉入机台前，应将表面的杂质清理干净，并将杂质放入硅块回收箱中。

⑪ 机床每切割40刀清洗一次机床，同时应将喷嘴拆下清洗。

⑫ 相关工艺及机台参数须按照工艺文件执行。非工艺及相关管理人员，机台工艺参数不可做任何修改。

⑬ 机床运行或异常时不可断电。

⑭ 每次切割前须设置切割原点。

⑮ 搬运硅块时注意安全，小心砸伤。

⑯ 严禁碰撞泡沫胶空瓶。空瓶应集中存放，集中处理。

⑰ 严禁用手触摸运动中的钢线。

⑱ 严禁将手放在导轨上，导轨上严禁放杂物。

⑲ 切割过程中严禁打开防护门。

⑳ 严禁将手放在设备机械传动部分。

㉑ 严禁私自修改加工程序。

㉒ 未经培训合格人员严禁操作设备。

㉓ 密切关注设备的运转情况。

㉔ 时时观察冷却水、气的压力。

㉕ 定期触摸屏的保养，不要用金属工具点击。

㉖ 定期对设备的保养（清理、加油）。

㉗ 开方过程中的安全注意事项

a. 操作：打开观察窗口观察砂浆、线轮时应戴好防护眼镜。

b. 维修：当维修员工需要进入机器内部进行修理或检查时，注意用电安全。

c. 急停按钮：当遇到任何紧急情况时，按下急停按钮开关。

d. 清洁：清洁周围工作区域以防滑倒。

㉘ 硅锭开方完成后，工序负责人需对硅块 1、5、9、13、17、19、21、23、25 进行尺寸测量，有异常及时反馈至工艺技术人员。

㉙ 切割完毕后一定要做好相关记录文件《硅片加工随工单》、《设备点检表》、《开方机切割运行记录表》。

15. 开方操作人员的日常工作

单晶与多晶开方工艺涉及到很多的操作岗位，有很多的共同点，不同点主要在粘接与上下料。

具体的日常工作如下：

① 清洁机器；

② 更换滑轮及编织线网；

③ 准备砂浆，砂浆的配置与切片类似，将重点在项目六中进行讲解；

④ 粘接单晶硅棒或多晶锭；

⑤ 开机检查；

⑥ 上晶锭；

⑦ 切割过程检查；

⑧ 卸晶棒；

⑨ 清洁晶棒；

⑩ 注意环境的清洁。

[任务小结]

序号	学习要点	收获与体会
1	多晶开方的完整操作工艺	
2	单晶与多晶开方的异同点	
3	开方操作工艺的控制要点及注意事项	
4	开方操作工艺的异常处理	

项目四

单晶硅块磨面与滚圆工艺

[项目目标]

（1）掌握单晶硅块磨面工艺流程。
（2）掌握单晶硅块滚圆工艺流程。

[项目描述]

经过开方后的硅块，需要经过磨面与滚圆得到所需要的尺寸。本项目将学习单晶硅块的磨面与滚圆操作工艺流程。

任务一　单晶硅块磨面

[任务目标]

（1）掌握单晶磨面工艺流程。
（2）掌握单晶磨面控制要点。

[任务描述]

磨面主要是对开方后的硅块进行磨面抛光处理，去除硅块表面的切割损伤层，磨削出需要的合格硅棒。本任务对单晶硅块的磨面工艺进行重点讲解。

[任务实施]

为了将开方后的硅块切出合格的硅片，需要进行磨面抛光及滚圆处理。简化的磨面操作工艺流程为：作业准备及开机检查→领棒→测量工件→安装工件→磨面→卸载工件→关机。具体操作流程如下。

1. 作业准备及开机前检查

① 按规定穿戴防水围裙、手套，劳保皮鞋等劳动防护用品。

② 检查设备电源开关、自来水源、磨头、气压及机台运转有无异常状况，确定冷却水和空气流量是否正常。

③ 检查直角尺、电子卡尺等是否齐备且无异常情况。

④ 检查电源线是否有裸露处。

⑤ 检查润滑部位是否正常。

⑥ 认真填写设备点检表。

⑦ 待确定无误后，接通电源控制开关，机器启动，显示操作界面。

2. 磨面操作步骤

(1) 领棒

① 由值班长负责领取线切方方棒，必须仔细确认线切方方棒有无崩边，工艺单与硅棒是否一致（硅棒标识、长度、编号等），认真检查硅棒技术参数是否达标，发现异常情况立即汇报当班班长。

② 领棒使用专用小车，棒体不允许超出小车外缘。小车只能推，不允许拉着走。

③ 硅棒放到磨面车间指定货架上。

(2) 测量工件

① 使用游标卡尺测量工件两端共 8 个面的外形尺寸，如图 4-1 所示，检查是否在磨床可以加工的范围内，有没有大小头异常等特征。

② 用直角尺测量工件是否有斜面、棱行。测量时要细心，以免造成崩边。

③ 目测工件是否有严重刀痕、线痕、崩边等（图 4-2）。如有刀痕或线痕，则需要仔细测量最深处的尺寸，避免误设参数造成报废。

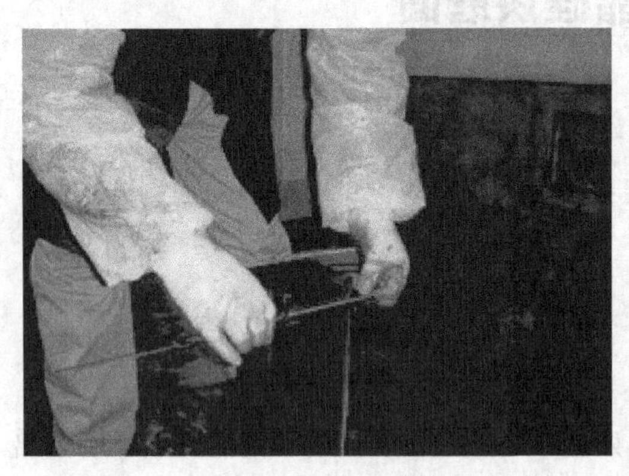

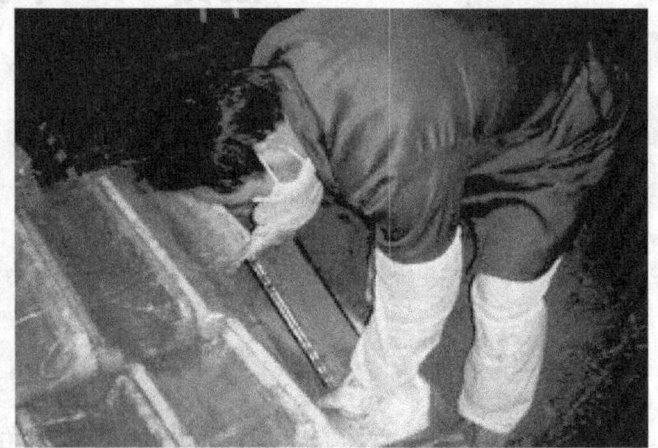

图 4-1 测量工件断面

图 4-2 目测工件

(3) 安装工件

① 用毛巾把工件表面的泡沫颗粒和机器工作台上的杂物标签等清理干净，如图 4-3 所示。

② 把工件轻放在机器内的工作台上，慢慢推动工件与工作台内侧的定位板靠紧，尽量用肉眼看到棒在夹紧装置中间。

③ 用脚轻踩气压开关，固定工件，并用双手轻微晃动晶棒，检查晶棒是否夹紧，如图 4-4 所示。

图 4-3 清理工作台上面的杂物

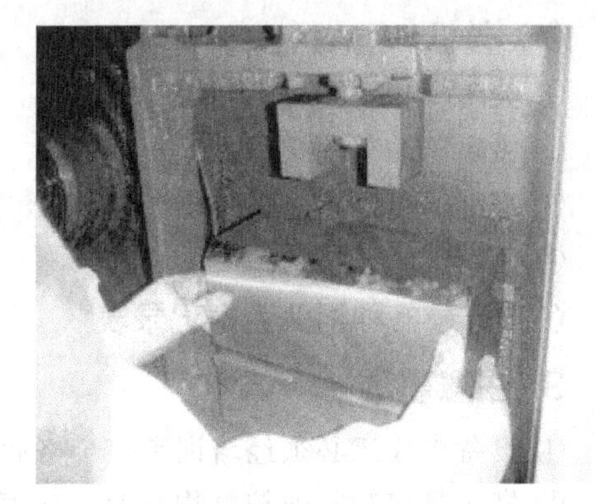
图 4-4 检查是否夹紧

(4) 磨面

① 选择工艺参数画面，核对设定的参数正确无误。

② 在信息显示中选择自动循环。

③ 打开测量状态，选择功能有效。

④ 按自动循环键，机器自动对中夹紧、压紧，进入工作室。

⑤ 正常工件磨削量最好是 U 轴和 X 轴平均分配。如果发现是不规则的工件，则需要把相对好的一个面作为基准面，并可以把磨削量减少，把有刀痕或是线痕的一面磨削量加大（注：U 轴减少多少就加多少于 X 轴）。

⑥ 按“循环结束工件压紧”键，工件在本刀磨削完毕后，依然保持压紧状态，以免工件有时表面要求达不到时，更改参数后直接进入工作室，省去不必要的麻烦。

⑦ 刀磨削完，必须先用卡尺在工件压紧状态下进行测量，确保尺寸达到要求。

⑧ 磨削工艺设定参数，Z 轴速度目前规定为 200mm/min。

(5) 卸载工件

① 机器加工工件完成之后，打开门，首先用清水把工作台冲洗干净，如图 4-5 所示。

图 4-5 清洗杂物

② 将循环结束工件压紧复位，夹紧装置复位，把工件从工作台上慢慢取下来，放在安全处，避免崩边，接着用水再次清理工作台，等待下次使用。

③ 把工件放置在规定的拉棒小车上，将表面擦干净，确认硅棒合格后，填写好随工单。

④ 用抹布及水清理杂物、工作台，以待下次使用。

(6) 关机

① 关闭冷却水阀门。

② 关闭压缩空气阀门。

③ 继续运行砂轮主副带轮 3～5min，将水甩干净。

④ 关闭电源开关。

(7) 记录各种相关数据记录表

3. 注意事项

① 设备操作工必须经培训考核合格后方可上岗作业。

② 搬运晶棒和其他较重物品时，注意安全，轻拿轻放，且注意运输防护，防止物品掉落砸伤自己或他人，或导致物品损坏。使用运输车时，速度勿太快，注意安全，防止碾伤自己，或撞击到其他物品、设备和人员等引发安全事故。

③ 设备操作时，勿戴手套，防止机器运转时，把手套带进机器内伤害到手。

④ 擦拭用的卫生纸、抹布等易燃物品，防止接触高温高热环境或明火，引发火灾。

⑤ 无水乙醇运输时安全事项：转移时，手工搬运或液压车运输中，注意安全，防止过程中摔倒或倾翻，使液体泄漏、挥发；运输时，员工不能边抽烟边运送无水乙醇等化学品，防止泄漏，遇到明火，引发火灾。

⑥ 无水乙醇要用完才能退换，防止把未用完的无水乙醇瓶进行退换或直接扔进垃圾桶内。用完的无水乙醇瓶要统一存放在规定位置，车间进行统一退换，不能直接扔进垃圾桶内，防止运到垃圾站后其中残留液体遇到明火，引发火灾。

⑦ 对砂轮进行修整时，必须佩戴防护面具，防止硬质颗粒飞溅，造成伤害。

⑧ 搬运晶棒时，必须穿防护劳保鞋，不得戴手套；加工过程中，不得用手触摸电机运转部位。

⑨ 修整砂轮时，必须穿戴防护用具，不得戴手套。

⑩ 随时注意机床运转和产品变化情况，如有异常应立即停机检查，确认正常后方能继续生产。

⑪ 冷却水出水口一定要喷在磨头上，不然会影响使用寿命和工件的光洁度。

⑫ 机床清理时，必须将机床处于“急停状态”。

⑬ 做好设备的日常维护和保养工作。

⑭ 交接班时，X 轴和 U 轴和实际坐标尺寸要交接清楚。

[任务小结]

序号	学习要点	收获与体会
1	磨面工艺的操作流程	
2	磨面工艺的控制要点及注意事项	

任务二　单晶硅块滚圆

[任务目标]

(1) 掌握滚圆操作工艺流程。

(2) 掌握滚圆操作控制要点。

[任务描述]

滚圆主要是对磨面后的外圆进行滚磨，消除硅棒外层的应力层，滚磨出需要的合格硅棒。本任务以 WSK003 滚磨机为例进行重点讲解。

[任务实施]

简化的滚圆操作工艺流程为：开机→按 K1 键准备→按 K10 键回零→安装工件→对刀→输入参数→按 K2 键→打开水阀→按自动键开始键进行加工→拆卸工件→关机→维护。

1. 作业准备及开机

① 按规定穿戴劳动防护用品。

② 检查电源线没有裸露。

③ 检查设备电源开关、自来水源、磨头及机台运转有无异常状况。

④ 检查冷却水、空气、润滑管路和接口无异常。

⑤ 检查百分表、卡尺、卡盘专用工具等是否齐备且无异常情况。

⑥ 检查砂轮轴承和卡盘轴承的摆动是否超过标准范围以内。

⑦ 确认无异常后打开电源开关，设备进入待机画面，认真填写设备点检表。滚磨机外形如图 4-6 所示。

图 4-6　滚磨机外形图

2. 操作流程

(1) 进入准备工作状态

按机床右侧面黑色按钮开启机床，等待操作面板启动后，按 K1 键使机床进入准备状态。操作界面如图 4-7 所示。

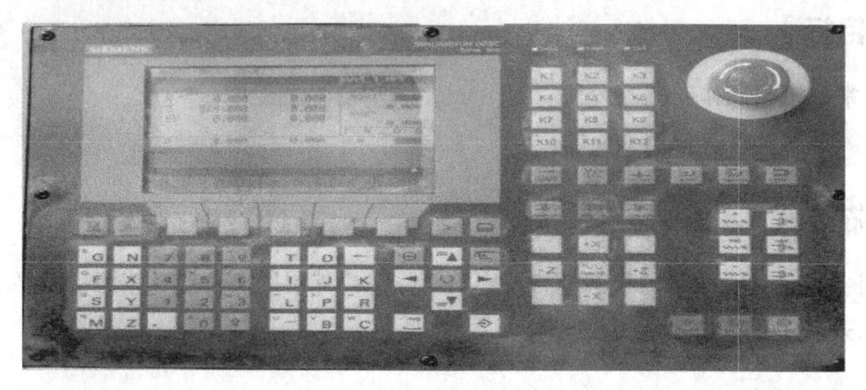

图 4-7 操作界面示意图

(2) 回零工作

按 K10 键使机床自动进行回零操作。当机床回到零点后，看显示屏上面 X 轴、Z 轴出现复位符号时，才说明回零工作已完成。

(3) 安装工件

① 首先目测工件的长度，然后再目测主轴卡盘与尾架卡盘之间的长度，确保方棒的长度小于两卡盘之间的长度。

② 测量工件对角线，对于卡爪间距为 156mm 的对角线标准为 200mm，将大于标准尺寸的数值填写到毛坯磨削余量中。

③ 把垫板放到两个卡盘之间，松开卡爪使卡爪的宽度大于工件厚度（图 4-8），也就是两卡爪间的距离大于 125mm 或 156mm，如图 4-9 所示。选择参数设定画面，测量本刀工件长度，输入到相应的参数位置。

图 4-8 垫板及松开的爪盘

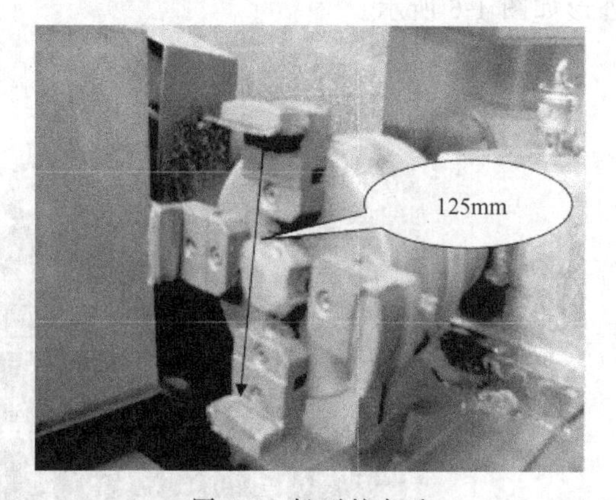

图 4-9 松开的卡爪

④ 把选取好的未滚圆的方棒放到垫板上，扶住方棒慢慢向主轴卡盘内移动。当方棒移动到主轴卡盘内，再摇动尾架丝杆，使尾架卡爪卡进工件。当卡爪两端都卡住方棒后，

用专用工具锁紧卡盘，拿掉垫块，如图 4-10 所示。安装方棒及摇动卡盘时速度要慢，防止方棒与卡爪相撞造成崩边。

⑤ 先对好磨头，晶棒两端都空出一个刀的距离（距离可以略大一点），调整纵向工作台右边接近开关感应块的位置，使行程与单晶棒加工长度相符。调整时保证磨轮有足够的出刀量，将纵向工作台左边感应块移至所在滑槽条的右边，使工作台滚磨外圆右移时整个磨轮移出，此时工作台的行程＝单晶棒的长度＋2 倍磨轮直径＋出刀余量（15mm＋15mm）。如单晶棒只滚磨外圆，则装夹单晶棒后，需调整工件对回转中心的跳动量，其值越小越好，一般保证两端跳动量小于 0.5mm，确保单晶棒加紧机构在压力选择旋钮的高压位置，如图 4-11 所示。

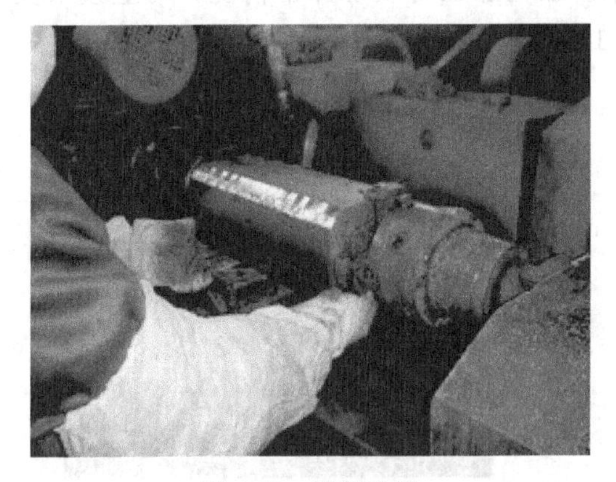

图 4-10　锁紧硅棒

图 4-11　摇动尾架卡盘固定工件

⑥ 调整磨头中心高，根据钢直尺读数，调整磨头上下手轮，使磨头回转中心在单晶棒回转中心下方 35mm 左右处。

⑦ 打开冷却水开关，让水喷到磨头的上部的位置上，硅棒安装完毕。

(4) 对刀

开启砂轮把工作台的移动倍率调至 6%或 4%，按＋X 键使砂轮移向工件，当砂轮接近工件时，有间隔地点动＋X 键，使砂轮一点一点靠近工件，当听到有响声或看到工件上面有磨痕时，说明工件与砂轮已接触，记下 X 轴此时坐标，输入到参数 $R0$ 里面。注意倍率一定要放慢，防止砂轮撞击工件发生崩边现象，如图 4-12 所示。

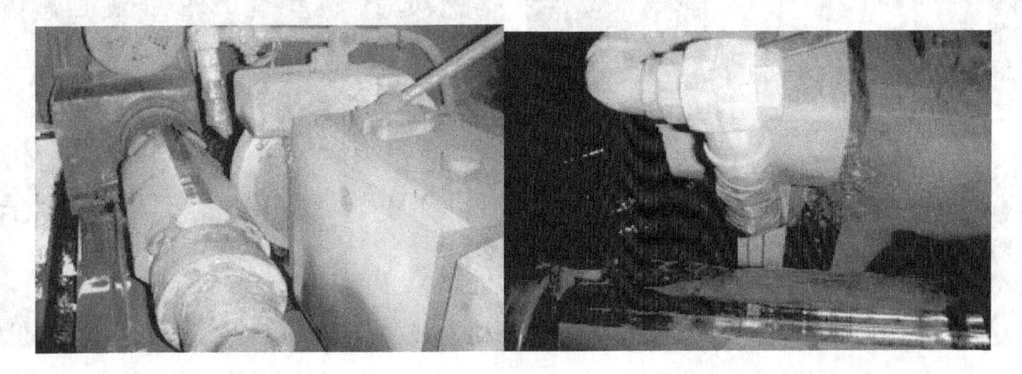

图 4-12　对刀

(5) 参数设定

① $R0$ 为 X 轴对刀值，$R1$ 为 Z 轴对刀值，$R2$ 为进刀量，也称为磨削量，是一次磨去工件的数值；粗磨≤2mm，精磨≤0.2mm，$R3$ 为砂轮的进给速度，设为 20mm/min，$R4$ 为磨削工件时工作台所需要的行程，加上两个砂轮的厚度，量好棒的长度再加 40～50mm，工作台进给倍率粗磨 100%，精磨 70%，Z 轴转速 15r/min，X 轴转速 2000r/min。

② 如果硅棒直径大于标准直径 2mm，≤6mm，则磨 2 刀，＞7mm＜10mm 时，则磨 3 刀。选择智能粗磨，选择粗加工量一般为 1mm，精加工量一般为 0.2mm。

(6) 加工

当输入参数，确认无误后，打开 K2 键开启砂轮，再打开水阀，按（绿色开始键）进行加工。注意：进刀过程中一定要调小倍率。如在加工时发现异常情况，马上按（复位键）或急停按钮。加工前后的硅棒，如图 4-13 和图 4-14 所示。

图 4-13 滚磨前的硅棒

图 4-14 滚磨后的硅棒

(7) 拆卸工件

加工完成后拆卸工件，把工作平台复位到开始装卡工件的位置，再把垫板塞到工件下面，用专用工具松开卡爪（注意：开始松开卡爪速度要慢）。当工件落在垫板上，再慢慢摇出尾架卡盘并用双手托住工件，如图 4-15 所示。把工件放入泡沫盒里面，如图 4-16 所示。整个过程要小心崩边。

图 4-15 拆卸及双手托住工件

图 4-16 滚圆结束的工件

(8) 数据记录

记录《滚圆操作记录》、《滚圆设备点检记录》、《滚圆设备保养记录》等相关数据表。

(9) 关机

① 关闭冷却水阀门。

② 关闭压缩空气阀门。

③ 继续运行砂轮主副带轮 3～5min，将水甩干净。

④ 关闭电源开关。

⑤ 打扫现场卫生。

(10) 维护

拆卸工件后，在没有晶棒的情况下对机器进行简单维护。先关闭电源，用水枪清洗工作台面，用毛巾把机器机身擦干净，再把黄油涂在卡盘和工作台的丝杠上面，防止生锈，再用毛巾擦床身。关闭水源，打扫地面卫生。

3. 注意事项

① 滚圆过程中，参数输入一定要正确。

② 员工进入车间，必须穿劳保鞋，防止砸伤。

③ 搬运晶棒和其他较重物品时，注意安全，小心轻放，且注意运输防护，防止物品掉落，砸伤自己或他人，或导致物品损坏。使用运输车时，速度勿太快，注意安全，防止碾伤自己，或撞击到其他物品、设备和人员等引发安全事故。

④ 对滚磨设备操作时，勿戴手套，防止机器运转时，把手套带进机器内伤害到手。

⑤ 擦拭用的卫生纸、抹布等易燃物品，防止接触高温高热环境或明火，引发火灾。

⑥ 对砂轮进行修整时，必须佩戴防护面具，防止硬质颗粒飞溅，造成伤害。

⑦ 搬运晶棒时，必须穿防护劳保鞋，不得戴手套。

⑧ 加工过程中，不得用手触摸运转部位，不得将身体靠在机床挡板上。

⑨ 修整砂轮时，必须穿戴防护用具，不得戴手套。

⑩ 机床清理时必须将机床处于“急停状态”。

⑪ 下棒过程中，必须等到砂轮停止运转。

⑫ 在输入毛坯尺寸时，要输入的数比量取的毛坯尺寸略大些，可以在 1～2mm 左右。

⑬ 在磨的过程中，要观察水的位置是否在最佳位置上。

⑭ 如果所有回转轴停转，首先检查皮带的松紧状态，再检查电气系统。

⑮ 供水系统发生故障不供水时，首先检查电磁阀是否正常，再检查电气系统。

[任务小结]

序号	学习要点	收获与体会
1	滚圆工艺的操作流程	
2	滚圆工艺的控制要点及注意事项	

项目 五

多晶硅块截断、磨面及倒角工艺

[项目目标]

(1) 掌握硅块截断目的及操作工艺。

(2) 掌握硅块磨面目的及操作工艺。

(3) 掌握硅块倒角目的及操作工艺。

[项目描述]

多晶硅锭在制备过程中，由于杂质分凝及坩埚的影响，杂质与缺陷在硅锭的头部及尾部密度较大，需要对多晶硅块进行截断处理。开方过程中，由于线痕及硅块尺寸等问题，需要对硅块磨面处理。硅材料是脆性材料，硅块在多线切割过程中易崩边，需要进行倒角处理。本项目主要从三个方面进行讲解。

任务一 多晶硅块截断

[任务目标]

(1) 掌握多晶硅块截断的操作工艺过程。

(2) 掌握截断工艺过程中的注意事项及影响因素。

[任务描述]

多晶硅锭在制备过程中，由于杂质分凝及坩埚的影响，杂质与缺陷在硅锭的头部及尾部密度较大，少子寿命过低，因此，需要对多晶硅块进行截断处理。

[任务实施]

1. 开机

① 检查电源连接是否完好，各阀门是否处于正常状态，管道连接是否紧密，润滑程

度是否良好；检查气体、冷却水流量是否正常。

② 待确定无误后，接通电源控制开关，机器启动，显示操作界面。

2. 操作步骤

(1) 领料

领取经过少子寿命测试后的硅块并擦拭干净。

(2) 安装工件

① 检查夹具内侧的抹布是否完好，防止晶块直接与夹具的金属部分接触，如图 5-1 所示。

② 将硅块放置在工作台上，用夹具夹紧手轮。注意夹紧时一定不要碰到硅块，不可过于用力，避免造成硅块的崩边，如图 5-2 所示。

图 5-1　夹具检查（无抹布）

图 5-2　固定工件

(3) 设定参数

① 打开计算机电源，按下绿色启动按钮，屏幕显示“锯带控制系统”，如图 5-3 所示。

② 戴好塑胶手套，打开冷却水和空气，如图 5-4 所示，适当调节冷却水喷头的位置，左右各一根，正前方一根。

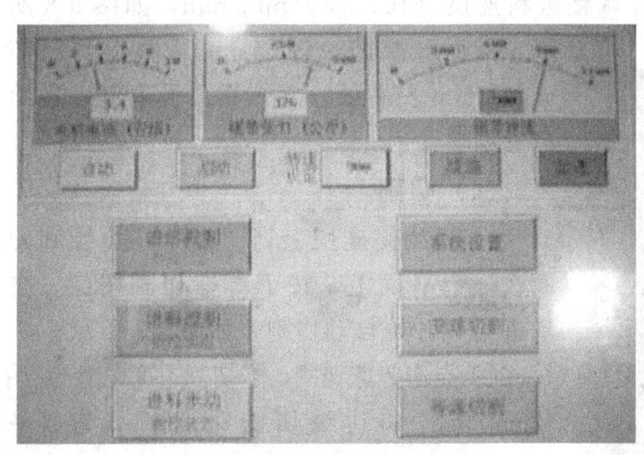

图 5-3　锯带控制系统控制屏幕

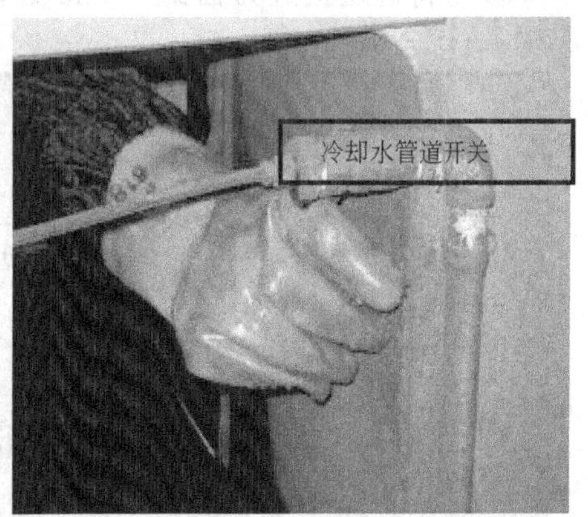

图 5-4　开启冷却水

③ 夹紧后，在显示屏上点击“伺服控制”，点击“转速设定”按钮，调整转速 700～900r/min，如图 5-5 所示，显示锯带转速，一般可设定为 800。

④ 查看锯带张力是否在 250～450kg 之间，张力超过此范围调整张力旋钮，如图 5-6 所示。锯带张力可根据使用情况延长，适当增加到 400kg。

图 5-5 设定转速

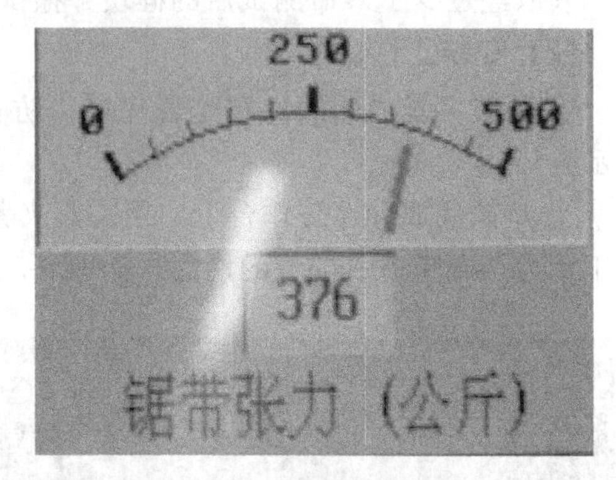

图 5-6 设定锯带张力

⑤ 按动屏幕上的“进料控制”按钮，设定进料速度 250～300mm/min±50mm/min，如图 5-7 所示。

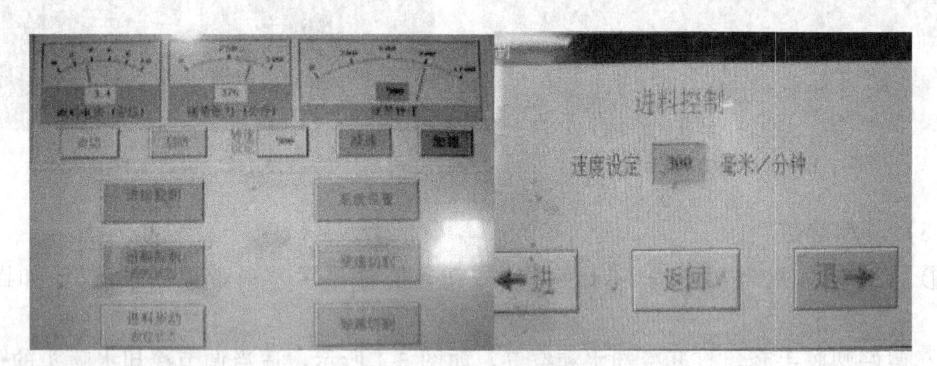

图 5-7 设定进料速度

⑥ 等待硅块接近刀面约 10mm 处，调整进料速度（100±50）mm/min，如图 5-8 所示，然后触摸进给键，将锯带移动到距离硅块 2mm 左右处，点击零位设置键，进给位置归零。

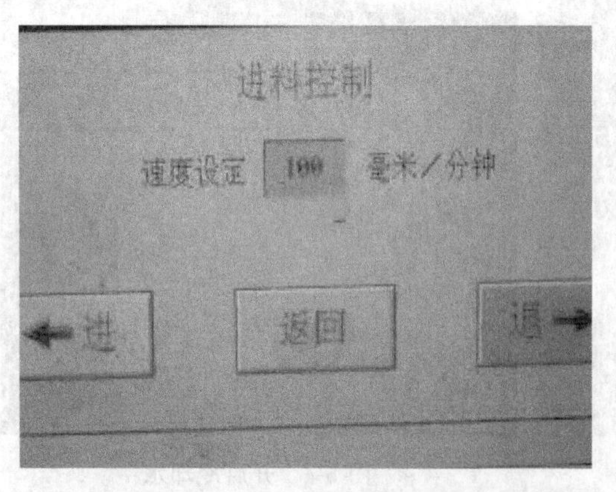

图 5-8 调整进料速度

（4）切割

① 目测使硅块上划的线的左边缘和刀面在一个平面上，按下等速切割按钮，自动进给，开始自动切割，如图 5-9 所示。

② 点击等速切割，将切割速度调整为8～12mm/min，将边缘切割速度调节为 2～5mm/min，工件直径根据每次切割硅块尺寸调整，如图 5-10 所示，切割距离设定为 180mm。

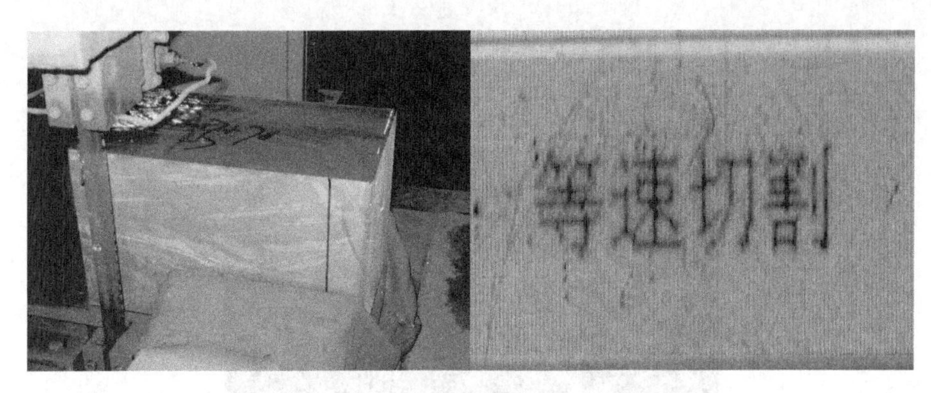

图 5-9 等速切割的时间判断

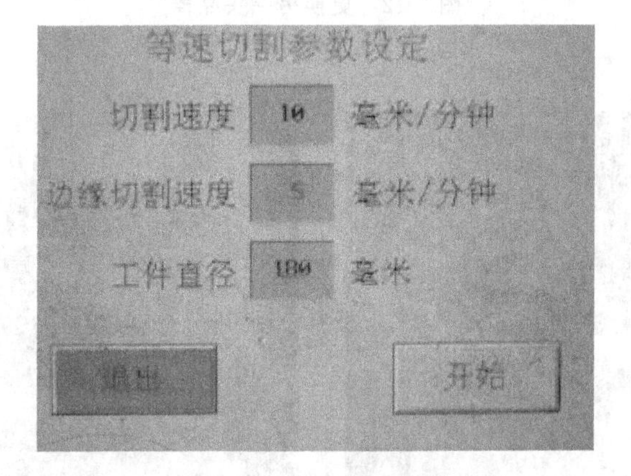

图 5-10 调整切割速度

③ 切割完毕后，将切下的头尾料拿走，按“进料控制”按钮，再按“退”键，使硅块完全退出刀，如图 5-11 所示。

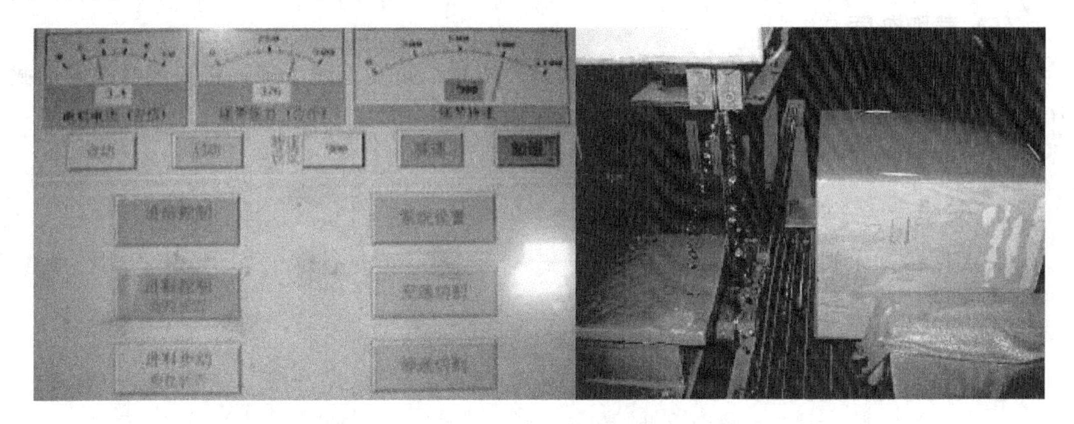

图 5-11 进料控制退料

④ 松开夹紧手轮，小心将硅块移出，更换另一头，按以上步骤加工，如图 5-12 所示。

⑤ 将头尾料分开称重并分开放入指定周转箱，完整填写各项记录，如图 5-13 所示。

⑥ 测量切割后硅块的有效长度并称重，完毕后放在指定周转车上，完整填写各项记录，如图 5-14 所示。

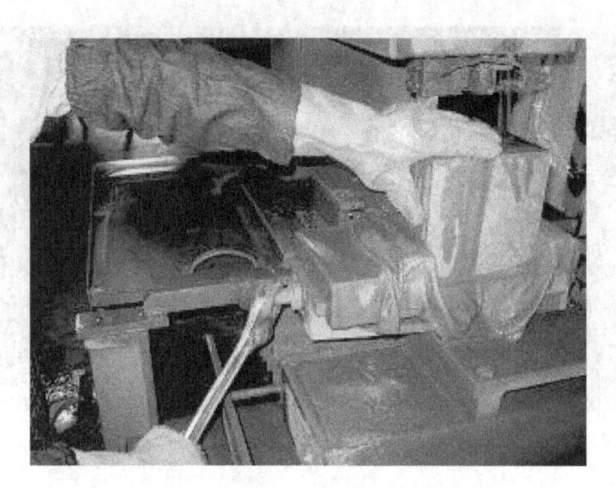

图 5-12　更换另一头晶棒

图 5-13　头尾料分别称重记录

图 5-14　称重检测切割完毕的硅块

(5) 截取杂质

从仓库领取要截杂质的头料，称取每块头料重量。重复上述步骤，将头部由外向里截10mm。将截下的10mm杂质和剩余头料分别称重记录并放入指定周转箱。

(6) 记录数据

3. 关机

① 关闭冷却水阀门。

② 关闭压缩空气阀门。

③ 继续运行砂轮主副带轮3～5min，将水甩干净。

④ 关闭电源开关。

4. 带锯的日常工作

① 清洁机器。

② 更换带锯刀片以及日常保养。

③ 切割前、后以及切割过程检查。

④ 清洁硅块。

5. 硅块截断过程中使用的设备及材料

① 带锯锯床、称重秤、周转车。

② 工作服、工作鞋、安全眼镜、手套。

③ 清洁纸、酒精、金刚砂带锯锯片。

6. 主要工艺参数

带锯的切割工艺参数将影响切割能力和切割效果。某企业的切割工艺参数如下：

① 带锯锯带张力范围　250～470kg；

② 切割速度　5～18mm/min；

③ 转速　700～900r/min；

④ 进料速度　50～350mm/min。

7. 注意事项

① 员工进入车间，必须穿劳保鞋，防止砸伤。

② 搬运硅块和其他较重物品时，注意安全，小心轻放，且注意运输途中防护，防止物品掉落砸伤自己或他人，或导致物品损坏。使用运输车时，速度勿太快，注意安全，防止碾伤自己或撞击到其他物品、设备和人员等引发安全事故。

③ 擦拭用的卫生纸、抹布等易燃物品，防止接触高温高热环境或明火，引发火灾。

④ 加工过程中不得戴手套操作，手不得靠近锯带。

⑤ 操作过程中，需戴好防护用具，避免刀片伤人。

⑥ 当遇到任何紧急情况时，按下急停按钮开关。

⑦ 及时清洁周围工作区域以防滑倒。

⑧ 进料手动、自动不可频繁切换，以免损坏控制。

⑨ 锯带张力为250～470kg。在切割过程中切记不能断水。如出现异常需要停止时，必须退回原点，重新切割。禁止锯带刃口线不在切割起始位置就进行自动切割。电脑屏幕要定期清洁。

⑩ 注意不可直接按“进给”按钮切硅块，以免损坏锯条和硅块。

⑪ 当切割速度降低到14mm/min，锯条切割中退出导向机构5mm处时，需要更换锯条，其他更换视具体情况，由设备人员确认。

⑫ 下棒时，必须等锯带完全停止，才可以用手抱出晶棒。

⑬ 锯带截断设备每月定期做校准，并做保养提高精密度。

[任务小结]

序号	学习要点	收获与体会
1	硅块截断工艺流程	
2	硅块截断过程中的注意事项及操作要点	
3	影响硅块截断的因素	

任务二　多晶硅块磨面

[任务目标]

(1) 掌握多晶硅块磨面的操作工艺过程。

(2) 掌握磨面工艺过程中的注意事项及影响因素。

[任务描述]

多晶硅锭在开方过程中，由于多线切割的线痕及硅块尺寸上的差异，为了修正硅块四边平面垂直度，减少线痕及切割损伤，需要对开方后的硅块进行磨面处理。本任务主要讲解多晶硅块磨面的操作工艺。

[任务实施]

多晶硅块磨面与单晶硅块磨面工艺区别不大，本项目主要从领料、检测、安装、加工、卸载等方面进行简要讲解。

1. 磨面工艺中常用器件

(1) 设备与工具

设备硅块磨面机、防水袖套、工作服、劳保鞋、乳胶手套。

(2) 原辅材料

多晶 156 硅块、自来水。

2. 磨面流程

(1) 领料、检测

领取切断后的硅块，磨面前对尺寸进行测量，记录测量数据，如图 5-15 所示。

(2) 安装工件

将硅块放入夹紧工装内，并用橡皮垫进行位置校正，如图 5-16 所示，固定工件。

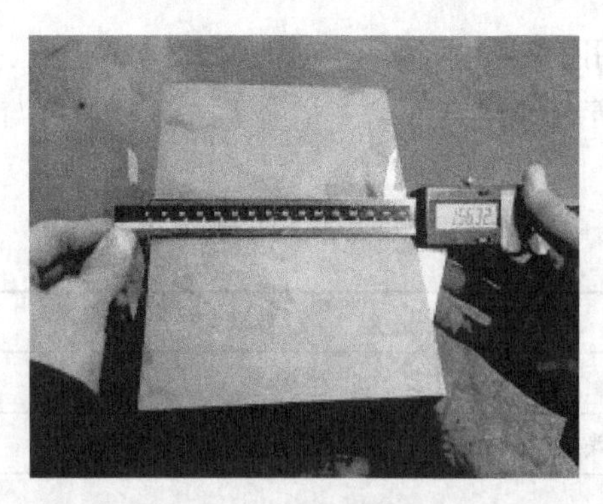

图 5-15　检测硅块

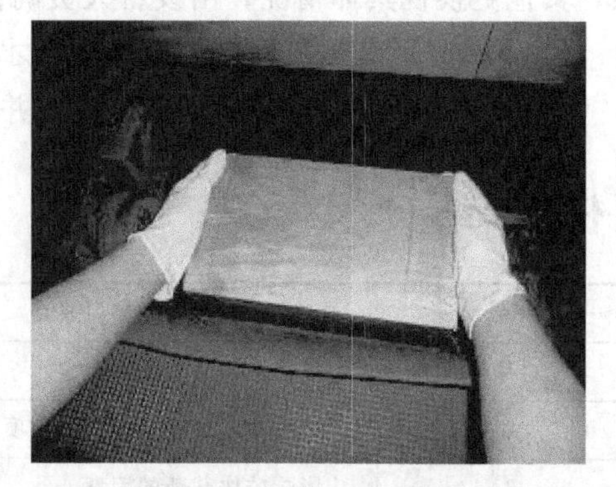

图 5-16　安装工件

（3）磨面

点击运转准备按钮，使设备处于待机状态。根据硅块尺寸选择全面模式或单面模式，进行磨面，如图 5-17 和图 5-18 所示。

图 5-17　待机状态

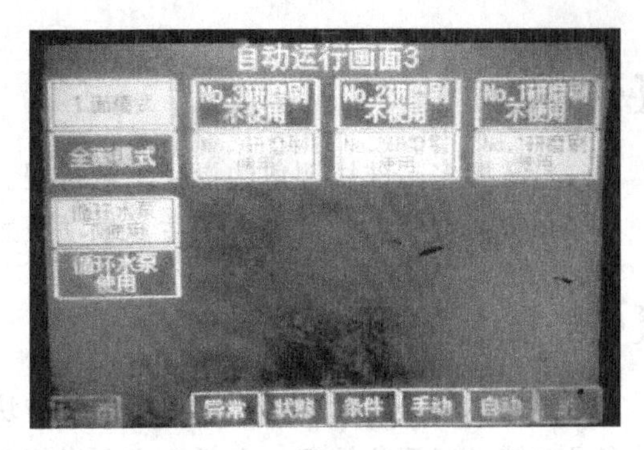

图 5-18　磨面模式的选择

3. 注意事项

① 磨面之前需对切断后的硅块进行检查，凹凸面、端面是否在合格范围内，崩边有无记录。

② 需检查切断后硅块是否编号，和随工单信息是否一致，如有异常及时反馈至相关人员。

③ 磨面前测量硅块尺寸。对于加工 156mm×156mm 的硅片，一般而言，如硅块单面尺寸在 155.50～155.65mm 之间，此硅块不用磨面，直接进行倒角；硅块尺寸在 155.65～155.80mm 之间，可以只磨一面后进行倒角；硅块尺寸在 155.80mm 以上，全部面都要进行磨面后倒角。

④ 对于加工 156mm×156mm 的硅片，如果选择全面磨时，要将硅块 4 个面全部进行尺寸测量，尺寸在 155.9mm 以上可以进行全面模式。

⑤ 选择单面磨时，磨面前将所要磨的面进行尺寸测量。每次磨面完成，都要对硅块尺寸测量后再进行第二次磨面。磨面后如果发现硅块同一面出现严重大小头（开方硅块尺寸正常）现象，要求对磨面机夹具工装进行水平校准。

⑥ 游标卡尺切勿进水，如游标卡尺进水，边宽将很难测量准确。

⑦ 测量边宽时，游标卡尺要放正，两边要平行测量。测量的过程中禁止用游标卡尺敲击硅块表面，避免硅块表面划伤。

⑧ 需要进行反磨的硅块，调整磨头进刀量时一次不能超过 0.1mm。

⑨ 硅块磨面完成后放置到指定区域，流入下道工序。

[任务小结]

序号	学习要点	收获与体会
1	多晶硅块磨面的操作工艺	
2	多晶硅块与单晶硅块磨面的异同点	

任务三 多晶硅块倒角

[任务目标]

(1) 掌握多晶硅块倒角的操作工艺过程。

(2) 掌握倒角工艺过程中的注意事项及影响因素。

[任务描述]

由于硅材料是脆性材料，方形的多晶硅块在切片过程中易造成崩边等现象，因此需要对多晶硅锭进行倒角处理。本任务主要讲解多晶硅块倒角的操作工艺。

[任务实施]

1. 认识常见的倒角机

图 5-19 是 WSK013 倒角机的外形，机床采用西门子数控系统，一个纵向轴，两个横向进给轴，三轴联动驱动滚珠丝杠，具有很高的定位精度。

该机床采取的是双工位（即上下料工位及倒角工位)，工件在上、下料工位，并固定在 90° V 形块上，由气压缸压紧。在倒角工位上，具有两个端面砂轮，砂轮同时对相对两条棱边进行磨削，如图 5-20 所示。机床设有两套激光测量装置，确保 4 个棱边磨削尺寸的一致性。

图 5-19 WSK 倒角机外形

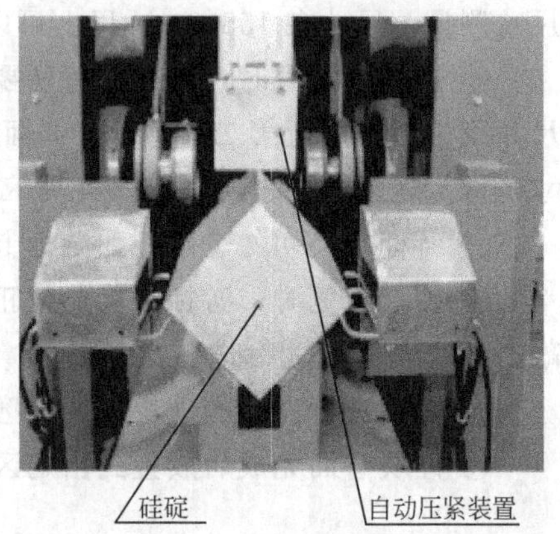

图 5-20 安装好的硅块

2. 掌握倒角目的

硅块倒角目的主要有：

① 消除硅片边缘表面由于切割后产生的棱角、毛刺、崩边、裂缝或其他的缺陷和各种边缘表面污染，降低硅片边缘表面的粗糙度；

② 减小机械应力与热应力集中，后期硅片在加工过程中会经历大量的高温过程（如氧化、扩散、薄膜生长等），当这些工艺中产生热应力超过 Si 晶体强度时，即会产生位错与滑移等材料缺陷，倒角可减弱此类材料缺陷。

3. 硅块倒角

倒角工艺过程主要分为设备及材料准备、领料及检测、设备运行情况检查、上料、固定、倒角、卸载、检测。

(1) 设备及材料准备

倒角过程中，常用的设备及工具有硅块倒角机、防水袖套、工作服、劳保鞋、乳胶手套。

原辅材料：目前市场中应用较多的是 156mm×156mm 的硅片。在此以常用材料为例，常用硅块为多晶 156 硅块。

(2) 开机前设备检查

① 检查压缩空气是否正常（气压 0.15～0.8MPa 为正常）。

② 检查砂轮磨头磨损状态（砂轮磨头应没有缺损和裂纹）。

③ 打开电源开关。

④ 打开水泵开关，确认冷却水是否正常流出（看到工作台下有水流出）。

(3) 领料及检测

领取经过磨面后的硅块，检查确认硅块编号和缺陷。

(4) 检查设备运行参数

检查设备运行参数是否在正常范围，如图 5-21 所示。

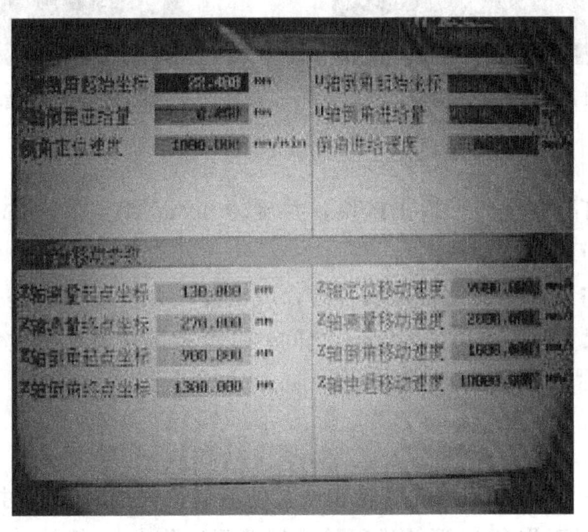

图 5-21　检查设备运行参数

(5) 安装工件

将硅块小心放入 V 形夹具内，如图 5-22 所示。工件安装完毕后，关闭设备安全门进行倒角，如图 5-23 所示。

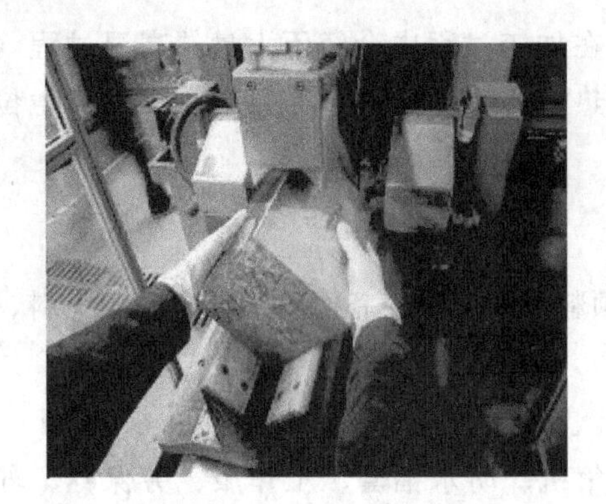

图 5-22　安装工件

图 5-23　关闭设备安全门

(6) 参数设置

将 X/U 轴倒角进给量设为 0mm，点击循环启动按钮，进行硅块倒角，如图 5-24 和图 5-25 所示。

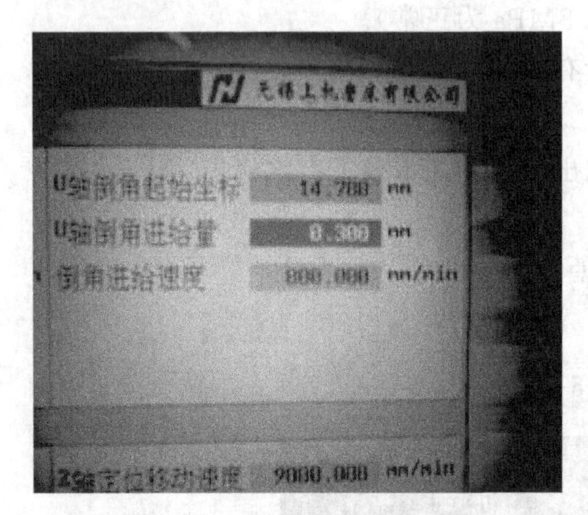

图 5-24　设置参数

图 5-25　循环启动

(7) 倒角结束

待倒角结束，打开安全门，取出硅块，并旋转 90°，倒第二个角，操作步骤同上，直至 4 个角都倒角完毕，关闭安全门。

待 4 个角倒角完成，听到设备提示音后，取出硅块并检查硅块是否有崩边情况。测量实际倒角大小，看尺寸是否在 0.5～2mm 之间，并全检硅块的 8 个边角大小，填写多晶硅片随工单，如图 5-26 和图 5-27 所示。

4. 注意事项

① 安装磨轮前，必须彻底清洗磨轮和法兰的所有接触面。安装时必须非常小心。

② 倒角前必须对工作台 V 形槽进行检查以确保工作台的清洁。

③ 采取手动倒角还是自动倒角，要视硅块长度而定。当硅块长度在 100～110mm 之间时，必须采用手动倒角模式；当晶棒长度在 110～240mm 之间时，采用自动倒角模式。

④ 倒角前，需要对磨面后的硅块进行检查，尺寸有无异常，崩边是否记录，表面有无划伤，如发现异常及时通知相关人员处理。

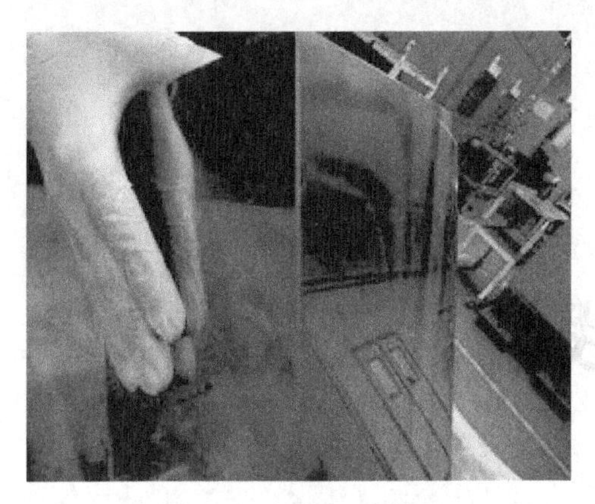

图 5-26　倒角大小检测

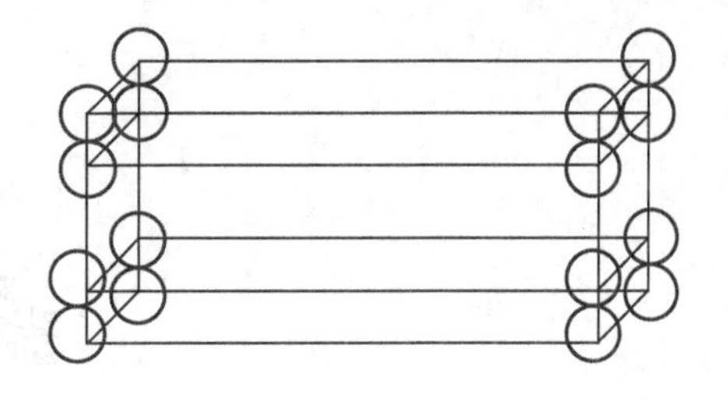

图 5-27　检查硅块边角

⑤ 硅块放置桌面要保持干净，没有碎硅渣，避免硅块移动时造成硅块表面划伤。

⑥ 倒角前操作员对工艺参数进行核对，有异常时停止倒角并反映至工艺技术人员。

⑦ 硅块放进或取出倒角机工作台时，必须注意倒角机工作台顶端位置，勿将硅块碰到工作台顶端而造成崩边。

⑧ 硅块放入倒角机工作台上时，要求用双手托起硅块放置，勿将硅块在 V 形槽内来回推动，造成划伤。

⑨ 在倒角过程中，输入倒角进给量的数据，要求确定无误后再开始倒角。尤其要注意小数点输入的准确性，如勿将 0.35mm 错输成 3.5mm，造成质量事故。

⑩ 输入倒角进给量时要求不能一次进给量过大，造成倒角偏大。

⑪ 在倒角过程中，如发现有大/小头硅块，可以用胶布垫片垫着硅块偏小的一端进行倒角。

⑫ 硅块倒角完成后放置到指定区域，流入下道工序。

5. 工艺参数

多晶硅块倒角工艺中，需要设定的参数主要是 Z 轴参数。某企业工艺参数如下表所示：

Z 轴工艺参数

参数	数值	参数	数值
Z 轴测量起点坐标	130mm	Z 轴定位移动速度	9000mm/min
Z 轴测量终点坐标	270mm	Z 轴测量移动速度	2000mm/min
Z 轴倒角起点坐标	900mm	Z 轴倒角移动速度	1000mm/min
Z 轴倒角终点坐标	1300mm	Z 轴快退移动速度	10000mm/min

[任务小结]

序号	学习要点	收获与体会
1	多晶硅块倒角操作操作流程	
2	多晶硅块倒角操作的注意事项及控制要点	
3	多晶硅块倒角与单晶硅滚圆的异同点	

项目六

多线切片工艺

[项目目标]

(1) 了解多线切割的发展与应用。

(2) 掌握单晶、多晶硅片多线切割的工艺。

(3) 掌握多线切割过程中的常见问题处理方法及改进措施。

(4) 熟悉多线切割机的使用与维护。

[项目描述]

多线切割工艺是当今硅片切割的主流。通过本项目的学习,应掌握单晶及多晶硅片的切割完整工艺流程、操作要点、控制因素、改进措施及多线切割机的使用与维护,从而真正掌握切片的各岗位技术要领。

任务一　晶硅多线切割工艺

[任务目标]

(1) 了解多线切割的发展历史与未来方向。

(2) 掌握多线切割的原理。

(3) 掌握多线切割工艺存在的挑战。

[任务描述]

硅片切割自锯切发展到多线切割,切割损耗大幅度下降,了解多线切割的历史、应用与将来的发展方向是很有必要的。本任务将从发展历史、将来方向、切割原理等角度进行阐述。

[任务实施]

1. 硅片切割概述

硅片切割是光伏电池制造工艺中的关键部分,多线切片是将开方后的晶棒切成很薄的硅片，这些硅片就是制造光伏电池的基板。

硅片是晶体硅光伏电池制备技术中最昂贵的部分，所以降低这部分的制造成本对于提高太阳能对传统能源的竞争力至关重要。常用硅片的规格有125mm×125mm、156mm×156mm、210mm×210mm。随着切割技术的不断更新，硅片的厚度从330μm逐渐减薄，目前市场多见的硅片是200μm。

本项目将对单晶硅片、多晶硅片的多线切割工艺及新一代线锯技术如何降低切片成本做一个详细的阐述。

2. 多线切割发展史

多线切割机作为全新概念的新型切割设备，从20世纪60年代提出多线切割的概念到今天趋于完善，已经经历了40多年。限于当时技术水平和控制理念，要把多线切割付诸于世的确会有相当大的难度。20世纪80年代中期世界上第一台可以使用的多线切割机问世，第一台实用的光伏切片机台诞生于80年代，它源于Charles Hauser博士前沿性的研究和工作。这些机台使用切割线配以研磨浆来完成切割动作。今天，主流的用于硅锭和硅片切割的机台的基本结构仍然源于Charles Hauser博士最初的机台，不过在处理载荷和切割速度上已经有了显著的提高。其中主要以机械结构为主，拉线张力控制采用磁粉离合器，张力调节使用带减速器的交流电机，还配有庞大的齿轮减速箱和链条齿轮传输机结构，工作台驱动依靠砝码配重，电控主要是继电器和时间继电器。无论机构如何，它毕竟是可以实用的雏形多线切割机。此后1986～1987年是实验型的；1988～1990年是第二代；以后两三年都更新一代。今天市场上销售的已经是第九代、第十代多线切割机。多线切割机外形如图6-1所示。

图6-1　多线切割机外形

进入21世纪，随着科技进步，现代多线切割机科技含量已与20世纪80年代不能同日而语，今天的多线切割机已经集成了现代制造技术、现代控制技术、现代传感技术和新型材料于一体，例如交流伺服电机及驱动系统、工业控制计算机、运动控制卡及总线系统、主轴油雾润滑冷却及间隙密封单元、恒定张力快速走线等。由于以上系统的择优选用，使现代多线切割机广泛用于大直径IC硅片、光伏电池衬底超薄片、砷化镓、碳化硅、铌酸锂、光学玻璃等多种硬脆材料的切片加工。

多线机切割晶片的弯曲度（bow）小，翘曲度（Warp）小，平行度（Tarp）好，总厚度偏差小（TTV），片间切割损耗少，加工晶片表面损伤层浅，粗糙度小，切片加工出片率高，生产效率高，投资回报率高。因此，应用多线切割机是发展规模化生产和提高生产效率的必然选择，使用多线切割机加工各类晶片是必然趋势，特别适用于光伏电池超薄级基片的批量加工。

3. 切割工艺

(1) 多线切割原理

切割原理是切割线带动碳化硅，依靠碳化硅和硅块的摩擦力进行切割，如图 6-2 所示。

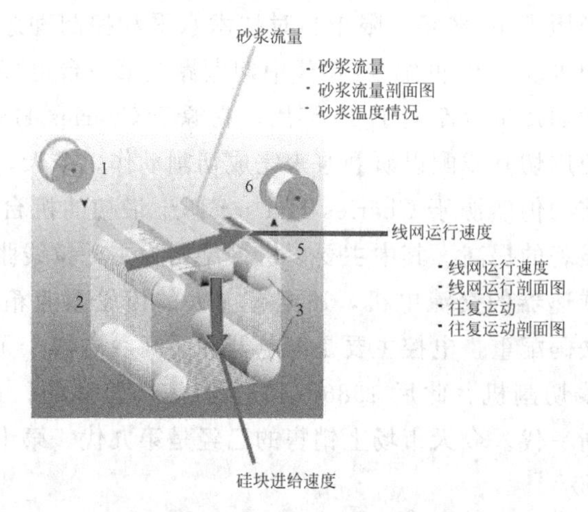

图 6-2 多线切割原理演示

(2) 多线切割工艺

现代线锯的核心是在研磨浆配合下用于完成切割动作的超细高强度切割线。最多可达 1000 条切割线相互平行地缠绕在导线轮上，形成一个水平的切割线“网”。电机驱动导线轮，使整个切割线网以 5～25m/s 的速度移动。切割线的直线运动或来回运动都会在整个切割过程中根据晶棒的形状进行调整。在切割线运动过程中，喷嘴会持续向切割线喷射含有悬浮碳化硅颗粒的研磨浆。砂浆在钢线的带动作用下进行切割，如图 6-3 所示。

硅块被固定于切割台上，通常一次 4 块。切割台垂直通过运动的切割线组成的切割网，使硅块被切割成硅片，如图 6-4 所示。切割原理看似非常简单，但是实际操作过程中有很多挑战。线锯必须精确平衡和控制切割线直径、切割速度和总的切割面积，从而在硅

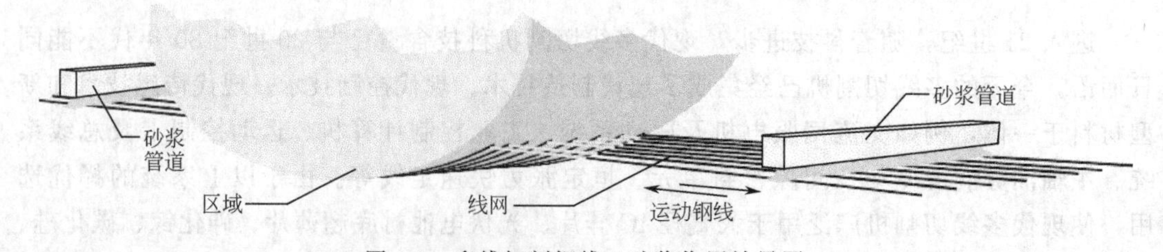

图 6-3 多线切割钢线、砂浆作用效果图

图 6-4　硅块通过切割线组成的切割网

片不破碎的情况下，取得一致的硅片厚度，并缩短切割时间。

4. 多线切割带来的损耗

对于以硅片为基底的光伏电池来说，晶体硅（C-Si）原料和切割成本在电池总成本中占据了最大的部分。无论是单晶硅还是铸造多晶硅，在硅片加工过程中，仅仅由于硅片的切割，硅材料的损耗就达到 50％。因此光伏晶硅硅片生产商往往通过在切片过程中节约硅原料来降低成本。降低截口损失可以达到这个效果。截口损失主要和切割线直径有关，是切割过程本身所产生的原料损失。切割线直径已经从原来的 180～160μm 降低到了目前普遍使用的 140～100μm。降低切割线直径还可以在同样的硅块长度下切割出更多的硅片，提升机台产量。

让硅片变得更薄，同样可以减少硅原料消耗。在过去的 10 多年中，光伏硅片的厚度从原来的 330μm 降低到现在普遍的 180～220μm 范围内。这个趋势还将继续，硅片厚度将变成 100μm。减少硅片厚度带来的效益是惊人的，从 330μm 到 130μm，光伏电池制造商最多可以降低总体硅原料消耗量多达 60％。

5. 硅片多线切割带来的挑战

在硅片切割工艺中需要面对多项挑战，主要聚焦于线锯的生产力，也就是单位时间内生产的硅片数量。生产力取决于以下几个因素。

(1) 切割线直径

更细的切割线意味着更低的截口损失，也就是说同一个硅块可以生产更多的硅片。然而，切割线更细，更容易断裂。

(2) 荷载

每次切割的总面积＝硅片面积×每次切割的硅块数量×每个硅块所切割成的硅片数量。

(3) 切割速度

切割台通过切割线组成的切割网的速度很大程度上取决于切割线运动速度、电机功率和切割线拉力。

(4) 易于维护性

线锯在切割期间需要更换切割线和切割液。维护的速度越快，总体的生产力就越高。

生产商必须平衡这些相关的因素，使生产力达到最大化。更高的切割速度和更大的荷载，将会加大切割线的拉力，增加切割线断裂的风险。由于同一硅块上所有硅片是同时被切割的，只要有一条切割线断裂，所有切割的硅片都不得不丢弃。然而，使用更粗更牢固的切割线也并不可取，这会减少每次切割所生产的硅片数量，并增加硅原料的消耗量。

硅片厚度也是影响生产力的一个因素，因为它关系到每个硅块所生产出的硅片数量。超薄的硅片给线锯技术提出了额外的挑战，因为其生产过程要困难得多。除了硅片的机械脆性以外，如果线锯工艺没有精密控制，细微的裂纹和弯曲都会对产品良率产生负面影响。超薄硅片线锯系统必须可以对工艺线性、切割线速度和压力、以及切割冷却液进行精密控制。

除了硅片的厚薄，晶体硅光伏电池制造商对硅片的质量也提出了极高的要求。硅片不能有表面损伤（细微裂纹、线锯印记)，形貌缺陷（弯曲、凹凸、厚薄不均）要最小化，对额外后端处理如抛光等的要求也要降到最低。

6. 线锯产品市场

硅片供应商和整合了切片工艺的晶体硅光伏组件生产商都需要使用线锯设备。大多数光伏线锯设备是硅片供应商购买的。一般生产多晶硅锭或者单晶硅棒，然后将硅锭或硅棒切割处理成硅片，最终销售给光伏电池制造商用于制造电池。目前业界最成功的多线切割机是应用材料公司生产的 HCT-B5。本项目的讲解主要是以 HCT-B5 为载体进行展开。

7. 新一代线锯产品

为了满足市场对于更低成本和更高生产力的要求，新一代线锯必须提升切割速度，使用更长的硅块，从而提高切割荷载。更细的切割线和更薄的硅片都能提升生产力。同时，先进的工艺控制可以管理切割线拉力，以此保持切割线的牢固性。使用多组切割线是在保持速度的前提下提高机台产量的一个创新方法。应用材料公司最新的 MaxEdge 系统采用了独特的两组独立控制的切割组件。

MaxEdge 是业界第一个专门设计使用细切割线的线锯系统，该系统生产出的硅片厚度最低可达到 80μm，使产量提高多达 50%。MaxEdge 系统结合了更细的切割线和更薄的硅片，提升了线锯技术，有望使太阳能电力的每瓦成本降低 0.18 美元。降低硅片的消耗量也就是直接降低了太阳能电力的每瓦成本。

更高生产力的线锯系统在同样的硅片产量下可以减少机台数量，因此，制造商可以大幅降低设备、操作人员和维护的成本。

硅片是晶体硅光伏电池制造中最昂贵的部分，降低硅片制造成本对于光伏电力达到电网平价至关重要。

[任务小结]

序号	学习要点	收获与体会
1	多线切割的发展历史与趋势	
2	多线切割原理	
3	多线切割带来的挑战	

任务二　切割液的配置与使用

[任务目标]

（1）掌握切割液的基本组成及组分的性能。
（2）掌握切割液的作用。
（3）掌握切割的配置过程。
（4）掌握切割液的使用注意事项。
（5）掌握切割液性能对切片工艺的影响。
（6）熟悉切割液的回收处理工艺。

[任务描述]

多线切割工艺是往复的钢线带砂切割工艺，真正起切割作用的是砂浆中的碳化硅颗粒，因此切割液的配置与使用需要严格控制。本任务从切割液的基本知识、组分性能、配置工艺、使用的注意事项及切割液对切片工艺的影响等角度进行重点阐述。

[任务实施]

1. 切割液的基础知识

（1）碳化硅颗粒

切割液由切割悬浮液和碳化硅颗粒组成。根据开方与切片工艺，碳化硅的颗粒度的要求有所不同，表 6-1 为常见的碳化硅型号。开方与切片切割液的配置工艺基本相同，将在本任务进行重点讲解。

表 6-1　碳化硅型号分类

碳化硅型号	使用区域	颗粒度范围/μm
800＃	开方	16～20
1200＃	切片	11～15
1500＃	切片	8～11

对于切割液中的砂浆粒度分布最好为正态分布，颗粒度越集中，切割效果就越好，越能减少线痕的产生。

(2) 切割悬浮液的性能

切割液根据所用的悬浮液不同有所区分，目前市场应用最多的是 PEG，也会使用具备同类功能的其他物质，具体如下。

① PEG。聚乙二醇（PEG）也称聚乙二醇醚，是以环氧乙烷与水或乙二醇为原料通过逐步加成反应而制成的，目前市场上应用最多的是 PEG。

聚乙二醇系列产品可用于药剂，相对分子质量较低的聚乙二醇可用作溶剂、助溶剂、O/W 型乳化剂和稳定剂，用于制作水泥悬剂、乳剂、注射剂等，也用作水溶性软膏基质和栓剂基质。用于硅晶棒切片过程中的悬浮液的聚乙二醇（PEG）相对分子质量通常为 300～400，这一级别的 PEG 具有适宜的黏度指标，既有良好的流动性，又对碳化硅颗粒具有良好的分散稳定性，带砂能力强。

常用的 PEG 规格为 PEG100、PEG200 和 PEG400 三种，其性能区别如表 6-2。

表 6-2 常见 PEG 的性能

PEG 规格	外观	平均分子量/万	黏度	pH(1%水溶液)	羟值 mgKCH/g	炽灼残余≤	重金属≤	砷盐≤	水分≤
PEG100	无色透明液体	90～110	13～15	5.0～7.0	1020～1240	0.2	0.5	0.5	1.0
PEG200	无色透明液体	190～210	22～24	5.0～7.0	510～623	0.2	0.5	0.5	1.0
PEG400	无色透明液体	280～420	38～42	5.0～7.0	255～312	0.2	0.5	0.5	1.0

根据 PEG 性能特点，不同聚合度的 PEG 具有不同的分子量、黏度和径值。部分切片企业采用的 PEG 新液是 PEG100 和 PEG400 混合物，但两种不同高分子量聚合物的混合会造成制备的切割液存在不稳定的风险。部分切片企业采用的 PEG 是旧液，虽其成分接近 200，但是来源不稳定，水分和一些重金属成分不容易控制，也会造成这种旧液制备的切割液不稳定。表 6-3 为某企业现用的悬浮液性能。

② PG。丙二醇（依醇基接的位置分为两种：1，2-丙二醇与 1，3-丙二醇，前者沸点

表 6-3 现行使用的悬浮液的性能

项目	指标	项目	指标
	PEG200		PEG200
外观 25℃(目测)	透明液体	pH 值(5%水溶液)	5.5～7.5
色度(APHA)	≤50	水分/%	≤0.5
密度(20℃)/(g/cm³)	1.120～1.130	折射率(20℃)	1.4550～1.464
黏度(20℃)/mPa·s	45～70	电导率/(μS/cm)	≤100

较低，市场上用于 cutting oil 的 PG 是指 1，2-丙二醇）。

③ PPG。聚丙二醇（属聚合物），依分子量大小可分为 PPG200、PPG400、PPG2000、PPGxxxxx……。

④ 油性。油基的悬浮液与聚乙二醇基悬浮液具有相似的理化性能，如与碳化硅微粉有良好的相容性，具有与 PEG300/400 相近的黏度指标、带砂能力好等优点。与 PEG300/400 相比，油基悬浮液具有更强的排屑能力，使用油基悬浮液配制成的切削砂浆在切割硅棒时，往往能够获得表面质量非常好的硅片。例如油基悬浮液 PS-LP-500D，其密度为 0.826g/cm^3，黏度为 96mmPa·s 左右，闪点 112℃，在－10℃时仍具有良好的流动性。这种油基悬浮液广泛地用于半导体、水晶等切割加工领域。

2. 切割液成分选择的理论根据

(1) 渗透剂的选用

切割液的渗透性是切割液的一个重要性能。切割液的冷却效果、润湿效果及润滑作用都会受到渗透性的影响，渗透性好的切割液能迅速渗透到切削-刀具界面和刀具-硅片界面，提高切削的冷却效果，并且可在刀具与硅片界面上形成润滑膜，从而降低摩擦系数，减小切削阻力，起到良好的润滑作用。此外，良好的渗透性能使切割液渗透到刀前端，形成楔形膜，并向深入扩展，如同在裂缝中打入一个楔子，起着一种劈裂的作用，从而提高切削速率。

(2) 螯合剂的使用

重金属（主要来自钢线）能级处于硅晶体的禁带中央，即称之为“深能级杂质”，起着电子和空穴的复合中心作用，使晶体中少数载流子寿命大大下降，漏电流增大。这些重金属杂质在硅中尤其是在高温下有很大的扩散系数，当硅单片在高温下反复加工时，杂质就扩入衬底内层，因此螯合剂的使用已成为必不可少的一部分。螯合剂含有两个或多个能“给予”电子对的原子，且这些原子之间要相间两个或多个其他原子。这些能“给予”电子对的原子与金属离子络合成环状的螯合物，从而使金属离子不再往硅片内扩散。一般来说，能“给予”电子对的原子越多，形成的环就越多，螯合物越稳定，金属离子越不易逃逸。

目前，普遍使用的螯合剂是乙二胺四乙酸，但其不稳定且微溶于水；其二钠盐溶于水且稳定，但钠离子的引入对微电子的危害较大，因此也不宜使用。FA/O 切割液是一种无金属离子螯合剂。此种螯合剂溶于水，可形成具有 13 个环以上的螯合物，有相当大的稳定性，对于金属离子的去除有良好的效果。

(3) 润滑剂的选择依据

作为一种切割液，应考虑其综合性能的提高，润油性也是一种不可忽略的性能。表面活性剂起润滑作用的为憎水剂烃链，且在烃链中含有苯环时润滑效果较好，但同时还应考虑到其他性能，即是否溶于水，对其他表面活性剂的影响如何。为了保证良好的润油性，润滑剂一般应选择憎水基烃链中含有苯环，能溶于水，对溶液的渗透性没有很大影响的产品，从而使其综合性能提高。

3. 切割液的主要功用

切割液由碳化硅颗粒和 PEG 组成，主要起到悬浮、黏滞、冷却等作用。切割液的存在区域如图 6-5 所示，切割液的具体功能如下。

(1) 减少磨损

切割液能吸附在碳化硅颗粒表面产生位垒，使颗粒分散开来，得到分散、悬浮的特性。提高碳化硅的分散稳定能力，防止颗粒团结、粘结，避免在硅片表面形成短粗的浅划线。

(2) 润滑作用

切割液的润滑作用能减少碳化硅颗粒对硅片的强机械摩擦。在刀具与被切入的硅片之间加入切割液后形成润滑膜，将摩擦表面隔开，使硅片表面与碳化硅之间的摩擦转化为具有较低抗剪切强度润滑膜分子间的内摩擦，从而降低摩擦阻力和能源消耗，使摩擦副作用平稳，提高切削速度，摩擦生热小，减少切割损伤、应力和微裂。

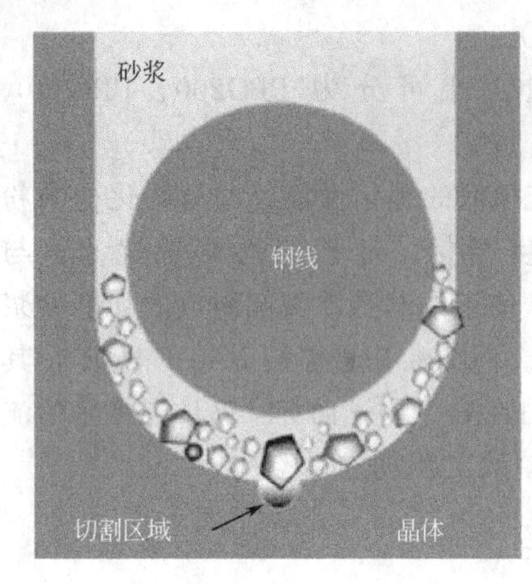

图 6-5 切割液的存在区域

(3) 冷却作用

切割液的渗透性表现为液体的黏度和浸润度。切割前沿温度很高，高温可使悬浮液呈气化状态渗入切割前沿，气体比液体的黏性小，即使微小的间隙也能渗入。通过切割液对流导热和气化带走热量，把切削热从固体（刀具、切屑和硅片）带走，降低切削温度，减少悬浮液对硅片表面的氧化作用及精细工件的热变形。切削液的冷却作用取决于它的热参数值，特别是比热容和热导率。

(4) 清洗作用

在硅的多线切割过程中产生大量的碎屑和硅粉，切削、油污等物容易互相黏结且黏附在硅片和线网上，影响硅片表面的粗糙度，降低切割精度，影响切割效果，因此要求悬浮液具有清洗功能。清洗功能与液体的渗透性、流动性、黏度等因素有关。悬浮液中含有表面活性剂。表面活性剂一方面能吸附各种粒子、油污，并在硅表面形成一层吸附膜，阻止粒子和油污黏附在刀具和硅表面上，另一方面可渗入到粒子和油污黏附的界面上，把粒子和油污从界面分离，随切削液带走而起到清洗作用，并附着在硅片表面抑制周围颗粒污染，使硅片表面洁净。

4. 碳化硅烘烤及配置

切割液的配置过程，涉及到碳化硅的烘烤、砂浆搅拌及更换作业规程，具体操作要点如下。

(1) 烘烤作业程序

① 将装有碳化硅微粉的包装袋立放，袋口打开，整齐放在拖架上。

② 手动将装有碳化硅的拖架拖放置于烘箱内，并关闭烘箱门。

③ 打开烘箱电源开关，风机 1、风机 2 加热开关，按操作盘上的 SET 键，将烘烤温度调到设定值，一般为 80℃。

④ 打开报警开关，将操作盘上的报警时间调到设定值，至少为 8h，去除碳化硅中的水分及将结块的碳化硅烤散。受潮的碳化硅会增加砂浆的水分，降低悬浮液的悬浮能力，增加线痕，成小团的碳化硅也会增加划伤线痕。如果碳化硅包装为塑料袋，则不能烘烤。

⑤ 到达设定时间后报警提示。此时关掉报警开关，将烘干温度设定于40℃，等待冷却。

⑥ 将小车拉出，若在一定时间内暂不使用，需将碳化硅粉继续放入烘箱内，并将温度设定于40℃。

⑦ 做好烘烤记录（烘烤时间、结束时间、碳化硅型号及批次号、放进去及取出来的班组）。

(2) 烘烤注意事项

① 检查碳化硅包装袋是否有破损，有破损则将破损袋放置在旁等待处理。

② 烘干结束后不能立即使用碳化硅，一定要继续在40℃保持烘干。

③ 烘烤后检查准备要配的缸是否运行完好，有无漏油等问题。确认原来的砂浆型号与准备要配的缸型号一致。如果不一致，要将搅拌缸清洗干净并吹干后才可配置。

(3) 砂浆的搅拌

① 佩戴好劳保用品（防尘口罩、手套等），检查拌砂桶内是否干净，确定内部无杂物。

② 按照工艺配比要求，计算需要使用的切割液、碳化硅重量，并将切割液放于称重液压车上，按清零键将读数清零。

③ 将气动隔膜泵上的黄色气管连接到压缩空气接口处，将气动隔膜泵的下端管口作为吸入口，放入到切割液桶内；将气动隔膜泵的上端管口作为输出口，将其放入搅拌桶内（注意：管口一定要清洗干净后再进行抽液作业）。

④ 打开压缩空气阀门，启动隔膜泵，时刻观察电子秤读数，抽取量大于要求量0.1～0.3kg时关闭隔膜泵，等待1min，待管内切割液回流完毕后观察电子秤读数是否达到要求量，并进行调整。

⑤ 将烘烤后的碳化硅拉至要配置的空缸旁，确认碳化硅型号和供应商是否与要配置的相符，如相符合则往空的搅拌缸中加入悬浮液，打开搅拌器搅拌。

⑥ 打开搅拌电机，解开碳化硅的包装袋，将碳化硅均匀缓慢地从加料口加入搅拌缸中。每包碳化硅至少倒1min，速度控制在2～3min为宜，直到配好为止。

⑦ 加料完毕后，清理砂浆桶四周残留切割液以及碳化硅粉尘。

⑧ 配好后，搅拌时间达到4h后开始测量密度以及黏度，加料完毕后每隔半小时打开一次循环泵5～10min，防止砂浆管道堵塞。测量密度时，先把搅拌器关掉，等浆料停止转动时开始测量。取3个不同点各测量1次，将3个值的平均值作为此次测量的密度。若密度偏高加悬浮液，偏低则加碳化硅。

⑨ 每隔2h测量一次密度，浆料至少搅拌12h才能用于切片。

⑩ 配好后填写浆料配置记录表，确认砂浆缸上所标的标识牌是否与所配得砂浆一致，以免出现错误，换错砂浆型号。

5. 砂浆更换

按照联络单提前1h将砂浆搅拌桶内砂浆抽入砂浆运输桶内，并做好更换记录；提前30min将砂浆运输桶运至需要更换的车间，接通电源并打开搅拌电机；对照工艺单，核对更换内容（搅拌时间；碳化硅厂家、型号；切割液厂家、型号），明确更换量。

硅片切割结束，确认可以取出硅片后，与现场班长或者机长确认开始更换砂浆，将废浆料桶及专用于抽取对应型号旧砂浆的气泵拉到现场，关掉切片机上的搅拌电机，确认砂浆搅拌电机已经关闭后开始抽取旧砂浆。具体更换流程如下：

① 按照工艺要求抽取旧浆料，密切注意液压车的电子秤显示，当打出剩余 3kg 左右的旧砂浆时关掉压缩空气，停止砂浆抽取；

② 抽完旧浆料后，将砂浆回收桶的盖子盖严实，用液压车将其拖至指定存放地点；

③ 再次核对、检查本桶砂浆的记录表格；

④ 到浆料房需要更换新浆料的搅拌缸，关掉搅拌，在更换新浆料专用泵出口装上过滤袋（抽取时一定要经过过滤网过滤后再抽到桶里面），开始抽取新砂浆，密切注意液压车的电子秤显示，到剩余 3kg 左右的时候关掉压缩空气，停止砂浆打入；

⑤ 更换完毕后将气动隔膜泵两端软管用抹布清理干净，口向上放在搅拌桶上，避免砂浆流出污染车间；

⑥ 检查砂浆桶液面高度；

⑦ 将拌砂桶拖回砂浆搅拌车间，气动隔膜泵放回指定位置，清理工作现场残留的砂浆，保持洁净，做好本次更换砂浆的记录。

注意　新浆料抽到浆料桶前要确保浆料桶中没有倒不干净的残留悬浮液，抽好新浆料后应尽快拉到现场，加入切片机的砂浆缸中，新浆料拉到现场等待的时间不能超过 5min，否则碳化硅会有少许沉淀，影响切割。加好后打开切片机的搅拌，抽好后做好更换记录表。抽取旧浆料及新浆料的气泵、过滤袋、新浆料桶一定要分开用，不同型号不同供应商的砂浆气泵也要分开专用。抽料的过程中人一定不能离开。

需要整缸更换时，先关掉切片机的搅拌电机，再将砂浆缸的电插头拔掉，把浆料抽干，然后把缸拉到浆料房的清洗室清洗。

6. 清洗切片机及辅助设备上的砂浆

砂浆配置的搅拌缸、切片机中的砂浆缸及抽取砂浆的气泵都要定期清洗、保养。清洗搅拌缸时，先用塑料袋将缸上的电机包好，将底部的出水阀门打开，再用水冲洗。洗好后将水吹干净，再用回收液淋洗，除去里面残留的水分。

切片机上的砂浆缸清洗按照要求的时间间隔定期进行。切片机也要定期水洗，水洗后要用悬浮液清洗一遍，主要也是除去设备里面残留的水分。

7. 切割液配置与更换过程中的注意事项

① 进入车间前，必须穿劳保鞋，防止砸伤。

② 推运砂浆桶时，速度勿太快，前后推动时，要注意配合一致。运输过程中，注意安全，防止碾伤自己，或撞击到其他物品、设备和人员等引发安全事故。

③ 打液和烘砂过程中，必须佩戴手套，防止化学品和粉尘伤害。碳化硅加料过程中，必须佩戴防尘口罩，防止粉尘伤害。

④ 在使用到刀片的操作中，注意安全，防止划伤手。

⑤ 进行碳化硅加料操作时，必须佩戴专用的防尘面具，防止粉尘伤害。

⑥ 擦拭用的抹布等易燃物品，防止接触高温高热环境或明火，引发火灾。

⑦ 在砂浆搅拌和更换过程中如有异常，操作人员应立刻向本岗位负责人员反映情况。

8. 砂浆对切片的影响

砂浆中的水分、密度、黏度、温度等都会影响碳化硅的切割能力，从而产生密布线痕、TTV（总厚度偏差）、线弓过大而断线、砂浆温度过高等问题。砂浆搅拌不均匀，有结块、小团或者硅纸屑、其他杂物的，切割时会产生划伤的线痕。

悬浮液的黏度对切割液的性能影响至关重要，然而温度、湿度、水分等因素均会影响悬浮液的黏度，它们之间的关系及对切片性能的影响具体分析如下。

(1) 黏度与温度的关系

液体的黏度来自于分子引力，温度升高，分子间的距离加大，分子引力减小，内摩擦力减弱，黏度就降低；温度较低时，升温和降温过程的黏度并不重合，PEG 等大分子的弛豫和热平衡破坏，引起黏度不完全弹性恢复。

(2) 最佳工作温度

0～55℃为悬浮液的最佳工作温度，黏度太高，容易造成碳化硅颗粒与切屑的相互黏结，增大切割阻力和表面损伤；黏度太低，携带碳化硅颗粒能力差，切割力小，切割效率低。

(3) 黏度随分子量的变化

随着 PEG 分子量的增大，黏度会上升；越是高分子，黏度就越上升，PEG600 以上是固体。

(4) 黏度与水分的关系

水分越多，黏度越小，水分会影响切割液的黏度，造成黏度下降，悬浮能力下降，密度降低，切割能力下降，会产生密布线痕等问题。

(5) 黏度与湿度的关系

悬浮液具有很强的亲水性，空气湿度过大时，砂浆的水含量会增加。所以浆料房要经常保持干燥，湿度控制在 60℃以下为宜。

(6) 悬浮液的 pH 值特性

悬浮液为弱碱性，负的 ZATA 电位有利于增加悬浮液的分散性，并降低颗粒在硅片表面的沉积。温度高时，H^+ 增多，pH 值降低。悬浮液中金属离子过多容易导致氧化片（Na、Fe 等），回收液 pH 值应与新液一致。使用螯合剂可去除金属离子（Na，Fe）。

总之，湿度、温度、黏度等均会直接或间接影响切割液的切割能力，切割液的配置及切片过程中需要严格控制切割液的密度、黏度、湿度、温度。

9. 切割液的回收处理

由于光伏行业的特殊性，硅片切割对于切割力和硅片表面都有很高的技术要求，因此对切割液和碳化硅微粉的要求相应也很高，质量要稳定可靠。目前，国内使用的切割液和碳化硅微粉在线切割过程中，砂浆中不可避免地会混入硅粉、铁、高聚物等杂质，部分碳化硅微粉也会因切割作用而出现破损，产生的废砂浆很难继续使用。

硅片切割液废砂浆是切割液（PEG）、硅粉和砂浆的混合物，目前主要依靠离心和沉降两种回收技术，对废砂浆进行处理，回收其中的切割液和碳化硅微粉，返回到线切割机重新使用。

(1) 切割液回收工艺

对切割液的回收处理，常利用沉降离心、化学清洗、絮凝过滤、精馏、萃取、旋风分级等分离原理和方法，将废砂浆中杂质和水分去除，可以得到优质合格的切割液和碳化硅微粉，从而实现二次利用。

液体回收过程主要利用物理作用将其中的固体微粒去除，要求不增加任何可溶性杂质。这样得到的液体才能够保证原有的化学成分，具有与新切割液相同的表面活性、悬浮力和携带力，可多次重复使用。

在碳化硅微粉回收时，除了利用物理作用将其中的细颗粒去除外，还必须利用多种化学作用将其中的硅粉、铁、胶粒去除，这样才能保证得到的碳化硅微粉具有原砂浆中碳化硅微粉同样的品质。且回收过程不增加任何微粉颗粒，而切割过程会使大的颗粒变细，因此回收到的微粉没有大颗粒，不会在以后使用过程中产生划伤硅片的现象。

(2) 国内切割液回收工艺的研究与应用前景

国内的回收利用起步较晚，回收技术参差不齐，所以在使用回收液和回收砂的过程中，经常会由于回收物料的质量问题而引起脏片、线痕片等情况。由于在这类回收物料的使用工艺中涉及物料如切割液（回收液）、碳化硅（回收的碳化硅）、清洗剂、水 等，从而可能引起污片的情况有：

① 回收液回收质量差；

② 回收的碳化硅中含有游离碳；

③ 清洗剂效果不好；

④ 清洗工序时间安排不合理等。

由于使用回收料的成本较低，国内从 2007 年开始，对回收液的使用越来越多，尤其是一些大厂为了节约成本，回收液的使用比例占到总的切割液使用量的 50%左右。碳化硅微粉和切割液的回收率分别占废砂浆的 30%和 35%以上。

总之，随着工艺的不断成熟，太阳能硅片切割液废砂浆的回收利用逐渐成为太阳能辅料市场的主流。

[任务小结]

序号	学习要点	收获与体会
1	切割液的组分及性能	
2	切割液的配置、更换及使用注意事项	
3	切割液对切片工艺的影响	
4	切割液的回收工艺	

任务三　硅块粘胶

[任务目标]

(1) 掌握粘胶前的准备工作。

(2) 掌握粘胶的操作工艺。

(3) 掌握粘胶工艺的注意事项。

[任务描述]

硅块的切割是倒着悬挂在线切割机中进行的，为此需要将硅块牢牢粘在平板玻璃上。本项目主要讲解粘胶的操作工艺。

[任务实施]

1. 粘胶前准备

(1) 硅块选面

硅块选面要选最短面为粘胶面。倘若不选取最短面为粘胶面，则易产生跳线，从而引起断线，具体如图 6-6 所示。

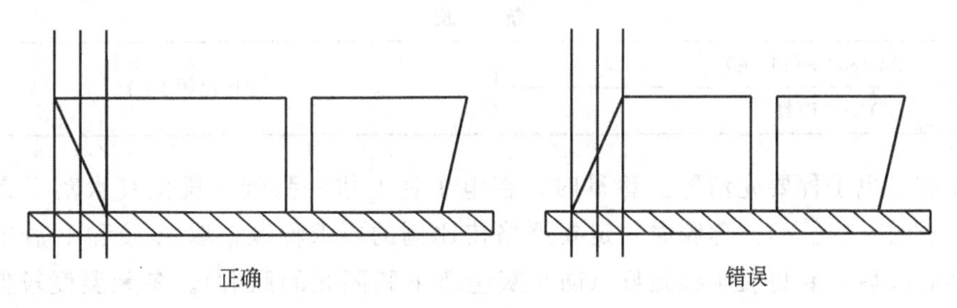

图 6-6　粘胶选面

为了尽量减少因硅块端面倾斜造成的断线，硅块端面倾斜的长度不能大于 0.6mm，大于 0.6mm 的要求去头尾截断地重新切一刀。

(2) 玻璃、托板选择

玻璃要求两面磨砂，并用直尺和塞尺测量玻璃的平整度。具体要求为倒角大小 1.5mm±0.5mm，玻璃平整度≤0.08mm，不能有崩边、裂纹等不良现象。以 HCT 及 MB 多线切割机为例，最常用切片机玻璃规格如表 6-4 所示。

托板要选择没有受损伤变形的使用，并用直尺和塞尺测量玻璃的平整度。具体平整度要求为≤0.1mm、没有变形突起的东西，以免切割时晃动，产生线痕。

(3) 玻璃、托板的清洗

将玻璃放进超声波清洗机中清洗。将托板用砂纸擦拭干净；用丙酮和无水乙醇将玻璃擦拭干净，晾干；将硅棒用无水乙醇和无层纸擦拭干净，晾干。检验是否已经擦干的标准

表 6-4 常用的玻璃规格及用途

HCT用		MB用	
规格	用途	规格	用途
520×156×15	粘多晶 156	400×156×15	粘多晶 156
520×125×15	粘多晶 125 及单晶 156	400×125×15	粘多晶 125 及单晶 156
520×83×12	粘单晶 125	400×83×12	粘单晶 125

是用蘸有酒精或丙酮的纸擦后没有出现黑色为擦干净，有黑色就没有擦干净。

托板清洗干净后，将背面的螺钉拧一遍，以防因螺钉松动切割时产生线痕。

将工作台上的定位螺钉的尺寸再重新调整一次，防止硅块或玻璃粘歪，把托板摆放好，准备粘玻璃。

2. 粘胶过程

(1) 胶水的称量与搅拌

对于不同的切片厂家使用的胶水不同，下面以常用的胶水 A、B 胶为例，具体配比如表 6-5 所示。

表 6-5 常用胶水配置比例

老　胶	
AD1230-A(白、主)	配比比例 100∶45
AD3831-BR(红)	
新　胶	
AD1339-A(白、主)	配比比例 1∶1
AD3905-B(红)	

称胶前，电子秤要先清零。称量时，在电子秤上垫一张纸（避免胶水落下弄脏秤表面），放上杯托（托盘）。称胶时一定要严格按比例的要求称取，取 A 胶和 B 胶的勺子要分开。称好胶后，要将胶水桶盖好（防止灰尘落下和阳光的照射）。冬天温度较低时，胶水容易结晶，称量完毕后在 50～60℃水或烤箱中保温 20min 左右，冷却后再使用，减少掉片。

搅拌时要将胶搅拌均匀，特别是碗壁和碗底处的胶要充分搅拌，否则会加大掉片的风险。

(2) 涂胶

① 粘玻璃　将搅拌好的胶水涂在托板上（搅拌均匀的胶水应看不到原始的颜色），然后快速平整均匀地涂在托板表面，用粘胶的刀将胶抹均匀，反复抹几遍，赶走胶中存在的气泡，以免 A 胶与 B 胶混合后发生化学反应，产生残留的气泡。

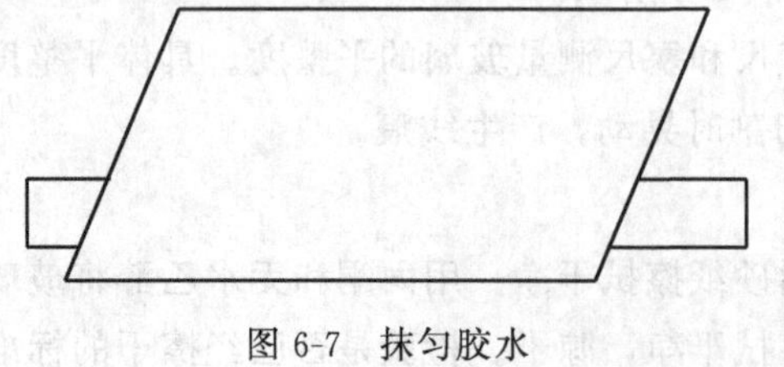

图 6-7 抹匀胶水

粘胶手法如图 6-7 所示，先用玻璃的一边靠在托板的一边，再往下压，有效地把气泡赶出来，粘上玻璃（粘玻璃的时候应该前后左右挪动，使胶水更加平整均匀）。待粘玻璃的胶固化后，用丙酮将玻璃的另一面擦拭干净。

粘好后要检查玻璃下面是否有气泡，一定要确保不能有气泡。检查后将托板和玻璃定好位。玻璃粘好后，用重铁块至少压20min以上才可粘硅块。

② 粘硅块　对照工艺单，查看硅块与工艺单是否一致（长度，规格，编号），并查看硅块表面有没有损伤（崩边，缺角，裂纹）。将硅块放入超声波中5～10min，并将超好的硅块用无尘纸擦干，用直角尺量出粘胶面，用酒精将粘接面和粘好的玻璃擦干净（擦到纸上没有污点为止）。

粘接面擦干净后，再将硅块粘胶面的四周用美纹纸粘好（避免粘硅块的时候胶水落下），如图6-8所示。根据硅块的长度称胶水，将称好的胶水快速搅拌均匀，然后快速平整均匀地涂在粘好的玻璃表面，粘上硅块（粘好的硅块四周应有胶水挤出）。粘硅块时，所用的力应该与粘玻璃时所用的力差不多，确保粘硅块时没有气泡。粘第二块硅块时，要注意两硅块不要相撞，以免产生崩边或裂痕。硅块粘好后，迅速撕下胶带，并将多余的胶水刮干净（注意小心刮伤硅块表面），并用酒精轻轻擦拭干净。

图6-8　粘有美纹纸玻璃

③ 粘树脂条　等硅块牢固后，最后粘树脂条。粘树脂条时，先检查PVC条的质量，如PVC条有金属粉等杂质，则不能用。粘树脂条时，先把硅块上面擦拭干净，贴上四根美纹纸胶带，再涂胶；然后把树脂条擦干净，按照硅块的长度截断。称胶水，迅速搅拌均匀，涂在硅块上，粘树脂条，以免太多的胶溢出来，用力压一下再把美纹纸拿掉。如果粘好树脂条后有多余的胶溢出来，也不要用刀片等锋利的东西去刮掉，以免划伤硅块。

3. 清理余胶

余胶清理时，硅块倒角处的胶一定要刮干净，以免在硅块粘胶面的倒角处附近产生线痕。在粘胶后20min内，将粘在硅块四周的美纹纸撕掉，并用丙酮及纱布将溢流的胶水擦拭干净。

脱胶完成后，硅块表面要用纸或百洁布蘸点酒精或丙酮把硅块表面擦干净。

硅块粘好后，在托盘尾部的玻璃上写上粘胶日期及时间，并确保每块硅块上都写有硅锭号和硅块号。将硅块搬到货架上，再次确认随工单上的信息是否与硅块相符（硅锭号、硅块号、长度等）。

4. 粘胶注意事项

① 粘胶房的温度控制在25℃，湿度控制在60%以下。

② 玻璃和硅块一定要在超声波中超声清洗。

③ 托板、玻璃、硅块一定要用酒精擦干净（擦到纸上没有污点为止。擦的时候要注意手势和力度，不是酒精用得多就擦得干净）。

④ 使用无尘纸（最好是无纺布）进行粘接前的擦拭。若使用一般清洁用纸，会在磨砂玻璃表面残留部分纸屑，影响粘接效果。

⑤ 粘接过程须戴手套进行，避免油类物质二次污染硅块，使用无尘纸擦拭，直到擦完后无尘纸依然清洁。

⑥ 称重量时务必做到准确、精确，比例不可搞混，电子秤一定要回零（以免出错，浪费胶水）。A组分与B组分必须充分混合，搅拌完成后，颜色应均匀如一。混合后发现“白丝”等现象是不均匀的表现（不能有原始色），粘的时候一定要快。

⑦ 取A胶和B胶的小勺使用后务必清洁，以备下次使用。

⑧ 取完胶水后要盖好瓶盖。

⑨ 在胶水混合过程中，一定要使用清洁的搅拌杯。

⑩ 搬运和测量硅块的时候一定要轻拿轻放（防止崩边产生不必要的损失）。

⑪ 涂胶过程要缓慢进行，并且下压以排除气体。

⑫ 粘玻璃和硅块的时候，四周一定不能有多余的胶水，应用刀刮干净，并用酒精擦拭干净。

⑬ 硅块是非常脆的东西，所有接触硅块的过程都要轻拿轻放。

⑭ 两根及两根以上硅块连接时，其两根棒之间的间隙应呈“▲”。

⑮ 托板、玻璃、硅块侧面的中心线应该在一直线上。

⑯ 每次粘胶完后的硅块，至少要等待4h以上才可使用，确保硅块、玻璃、托板粘牢。

[任务小结]

序号	学习要点	收获与体会
1	粘胶的操作工艺	
2	粘胶工艺的注意事项及控制要点	

任务四　多线切割

[任务目标]

(1) 掌握硅片多线切割操作流程及控制要点。

（2）掌握单晶硅片与多晶硅片切割的异同点。

[任务描述]

硅片加工过程中，切片是最为重要的环节，目前应用最多的是多线切割。本任务以常用的多线切割机进行讲解。

[任务实施]

硅块多线切割主要工艺有领棒、上棒、更换收放线轮、编织线网、更换滑轮、清洗部件及设备、开机前检查、热机、检查主要工艺参数、切割、下棒。

1. 仪器设备及材料准备

多线切割过程中用到很多设备及材料，需要提前做好准备，常用的如表 6-6 所示。

表 6-6 多线切割前准备的物品

仪器、工具	材料	仪器、工具	材料
HCT-B5 切片机	无水乙醇	硅块转运车	防护眼镜
砂浆周转桶	卫生卷纸	切片机专用扳手	记号笔
废砂浆收集装桶	薄膜手套	内六角扳手	抹布
领棒周转车	美工刀	斜口钳	强力胶带
液压叉车	纸胶带	剪刀	
隔膜泵	润滑脂	手电筒	

2. 领棒

① 到粘棒室确认硅块已粘好，如图 6-9 所示。

图 6-9 粘好的硅块（左单晶、右多晶）

② 仔细查看随工单上的记录，包括硅块的崩边长度、裂纹等缺陷。确认该硅块胶固化时间已达 6h 以上，确认晶体编号与随工单一致。如果不一致，立即通知工艺、品管、班长确认，并在随工单上注明实际缺陷情况，如图 6-10 所示。

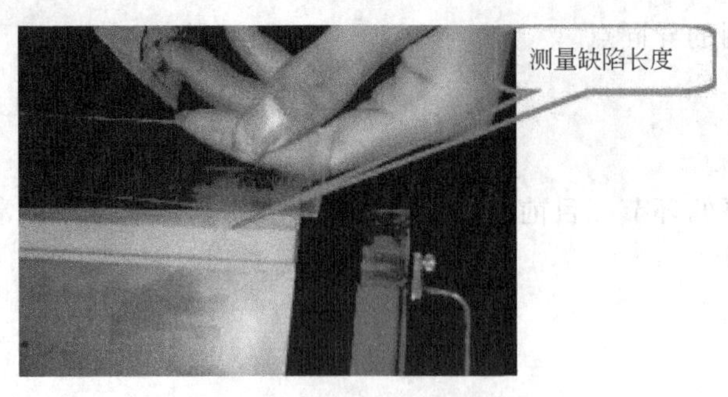

图 6-10 测量缺陷的长度

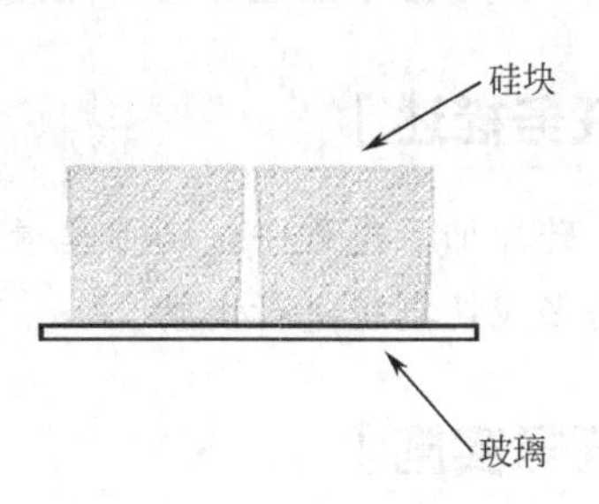

图 6-11 倒梯形的硅块

③ 侧视 确定托板上硅块之间缝隙呈上窄下宽型，且硅块呈倒梯形，如图 6-11 所示。

④ 确定硅块表面无任何未擦去的胶迹，确定硅块、玻璃、托板无残胶，硅块无粘偏现象。

⑤ 检查硅块是否存在崩边、空胶、端面毛刺。

⑥ 用刀片将硅块上的条形码刮掉，防止在以后的切割过程中导致断线。注意要保证硅块不受伤，如图 6-12 所示。

⑦ 用刀片将晶托上污物去除，防止在以后的切割过程中污物掉在线网上，导致跳线、断线，如图 6-13 所示。

图 6-12 去除条形码

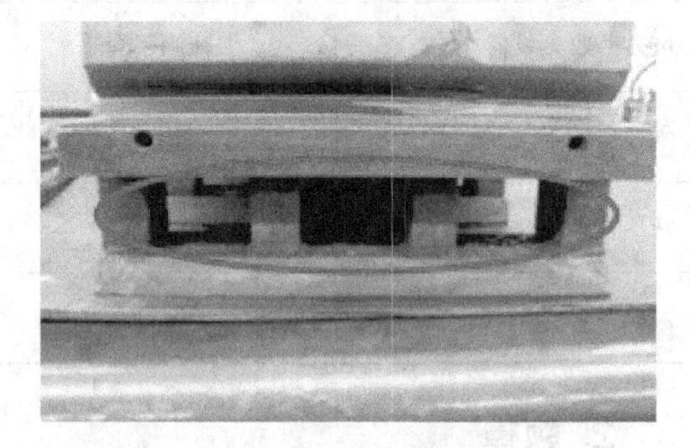

图 6-13 去除晶托上的污物

⑧ 用蘸有酒精的抹布擦去硅块上的污物，继续用蘸有酒精的抹布擦去晶托上的污物，特别是如图 6-13 中的位置（黑线圈内）。

⑨ 确认无误后将硅块小心地抱上手推车，检查晶托和硅块周围是否有残胶，若有，报告上级。

⑩ 将载有硅块的手推车推至切区域，等待上棒，如图 6-14 所示。

3. 上棒

① 清洁燕尾槽内所有定位面。要求两斜面及上定位面无污物、无砂浆残液，如图 6-15所示。

② 检查硅块表面状况，确认硅块、玻璃未粘斜，硅块表面无多余的残胶，晶棒的崩边、隐裂等缺陷与随工单一致，硅块长度与随工单一致，并清洁硅块。

③ 将硅块反向，晶托朝上。

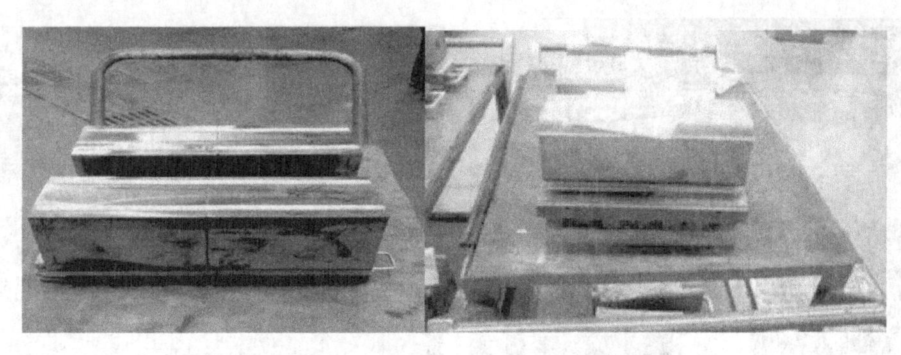

图 6-14 确认无误的硅块

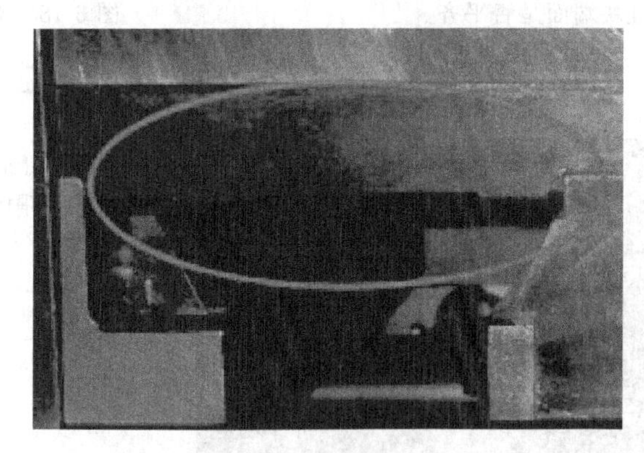

图 6-15 切片机燕尾槽

④ 两人配合，一人扶住上下棒专用升降车并锁住车轮；一人操作液压升降车，小心将升降车导轨对准晶托槽上棒。小心、平稳地将硅块往后推，将其推至后限位，并用插销将其锁住。

⑤ 将升降车与切片机对接，将硅块的定位面抬升至与切片机燕尾槽内的定位面齐平，确保晶托成三点一线平齐，如图 6-16 所示。

⑥ 在晶托的定位夹紧面与机床的定位夹紧对齐的情况下，缓缓地、平稳地将硅块推进至燕尾槽内，锁住晶托。同理，另一个硅块也是如此。在操作过程中，升降车的轮子必须在制动状态。

⑦ 用直尺靠硅块的两端面，检查硅块两端面是否平齐，如图 6-17 所示。如果不平齐，调整晶托的位置，直到硅块的两端面平齐为止。

⑧ 夹紧工件　夹紧分两次，即夹紧后松开再夹紧，并检查夹紧的气密性，绿色表示气密检测是没问题的，如图 6-18 所示。

⑨ 用皮锤轻敲晶托的两边几下，如图 6-19 所示，以确保晶托的定位面与燕尾槽的定位面完全贴合，并再次检查夹紧的气密性。

⑩ 用直尺检查，如图 6-20 所示，确保砂浆喷嘴在两晶托的中间，确保在之后的切割过程中砂浆喷嘴不会与晶托相撞。

图 6-16 晶托三点一线平齐

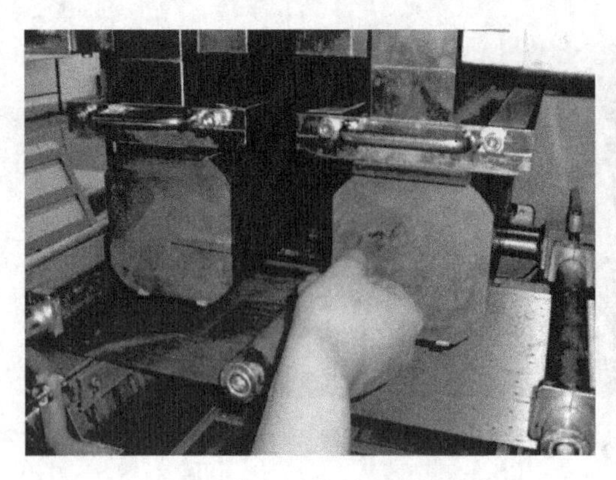

图 6-17 检查硅块端面是否平齐

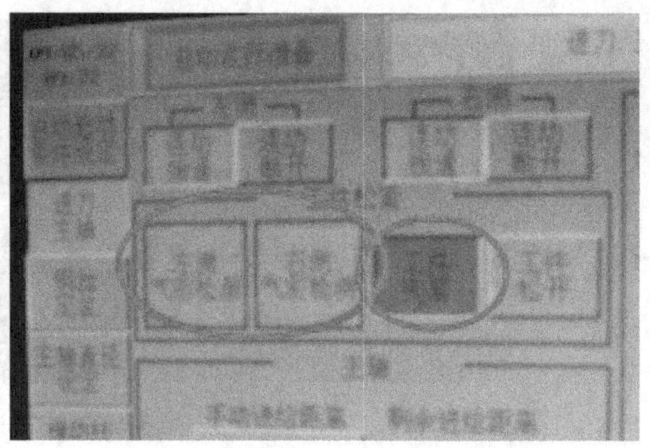

图 6-18 夹紧工件

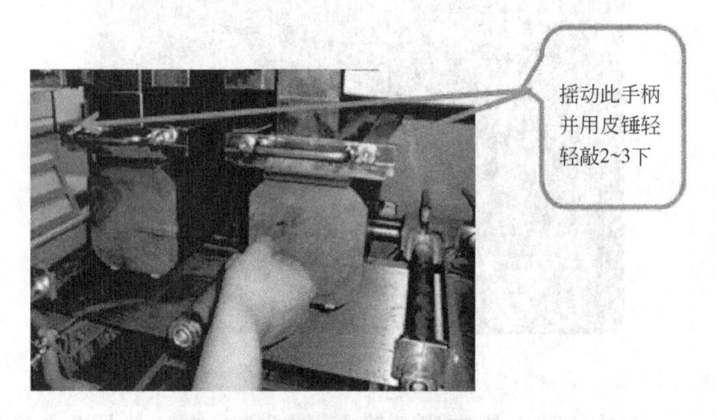

图 6-19 检查晶托定位

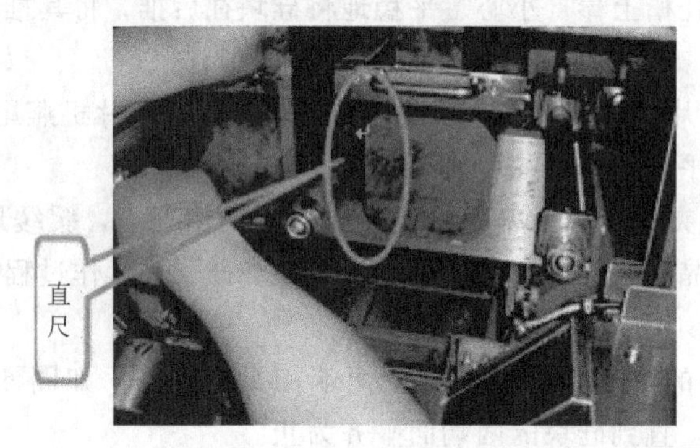

图 6-20 检查砂浆喷嘴的位置

⑪ 其他注意事项

a. 装在同一台切片机内的两晶托上的硅块长度尽量一致。两硅块若有长短之分，将长的硅块放在左边 A 位置，短的硅块放在右边 B 位置。

b. 在上棒的各个环节中，要求硅块无碰幢，不因上棒而受损，要无声操作。

c. 如果硅块有崩边、隐裂、缺角等缺陷，那么将硅块放在 B 位置，并且将尽可能多的有缺陷的部位放在尾部，有把手的一端为头部。

d. 检查并确定硅块的端面刀痕垂直于玻璃板。如果是平行于玻璃板，则立即通知当班工艺员或组长、班长。

4. 更换收线轮

① 关闭断线检测功能。

② 将钢线剪断，并用胶带将剪断的钢线粘在机床的机体上，以防止钢线乱动。

③ 把排线轮移到右端安全位置，防止卸线轮时容易撞倒排线轮。

④ 将换收放线轮专用车推到合适位置，将吊装夹具固定在收线轮上，如图 6-21 所示，并处于起吊状态。

图 6-21　安装吊装夹具

⑤ 用开口扳手（或套筒）将锁紧收线轮的丝杆卸下，抽出丝杆，将移动轴承箱向右移动，然后慢慢吊起收线轮，用手扶着慢慢地将被吊着的收线轮往外移，直到完全脱离机床，如图 6-22 和图 6-23 所示。

图 6-22　松开收线轮

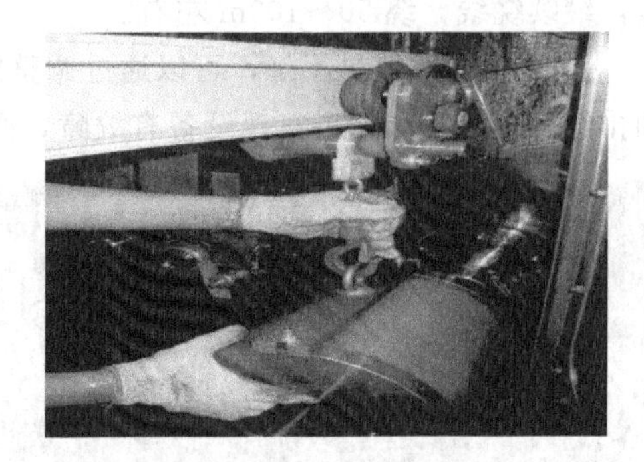

图 6-23　吊出收线轮

⑥ 一人用手扶着被吊着的收线轮向后推，另一人将收线轮的高度降低，使收线轮的离地高度不超过 100cm，并运送到废线切割室。

⑦ 清洁收线轮室，用铲刀将沉积的砂浆铲走，用湿抹布将各个滑轮盘组件和导轨及四壁擦拭干净。将其送到废线切割处。卸下收线轮，如果发现丝杆损伤，应更换。

⑧ 把擦拭干净的移动轴承和固定轴承锥面、丝杆表面抹一层薄薄的润滑油脂。

⑨ 在废线切割室检查空的收线轮外观无破损，边缘无毛刺，然后装入小车。如果有毛刺，必须首先用小锉刀锉掉，再用 1200＃以上的砂纸将其抛光。

⑩ 用液压车将收线轮送到线锯左侧收线轮室，吊起，慢慢下降。调节螺孔和定位销钉的位置，线轮左侧的平键一定要对齐，将移动轴承箱推进，如图 6-24 所示。

⑪ 将收线轮安装到位，用侧固螺栓将收线轮固定，使用扭力扳手，用 80N·m 的力矩将螺钉上紧，如图 6-25 所示。检查收线轮到位后松开夹具，移走小车，松开侧固螺栓。

图 6-24 安装收线轮

图 6-25 紧固收线轮

用记号笔画记号，切完一刀需检查螺钉是否移位。如果移位，需检查螺钉是否损坏或扭力扳手扭力是否正确，如果以上均正常需检查设备。在更换的过程中一定要确保拧上去的螺栓无滑丝、无任何损伤，否则需要及时更换。

⑫ 将钢线在收线轮上手动绕至少 2 圈并打结，用胶带粘住打结处，使其固定。

⑬ 将“右侧卷筒直径”改为空线轮的实际直径（目前的空线轮直径为 210mm），同时将“右侧卷筒储线量”改为 0，如图 6-26 所示。

⑭ 在操作界面中按 reset 收线轮复位，将右侧线轮的张力改为 10N 左右，把走线改为 10%，走 50～100m 线，使线头缠绕在收线轮上，再把张力改为切割时工艺要求的张力，继续绕线，绕 50～100m 左右。

⑮ 如果排线效果不好，可以通过调整图 6-27 中的值，来调整收线轮排线的情况，直到排线合理为止。如果发现设备有故障，必须立即报修，以免延误生产。

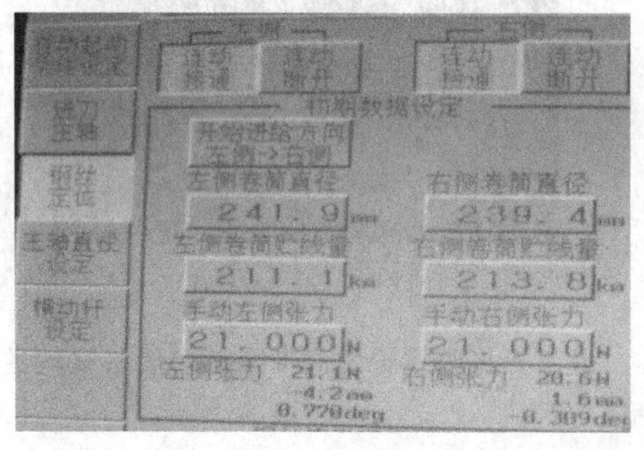

图 6-26 修改参数

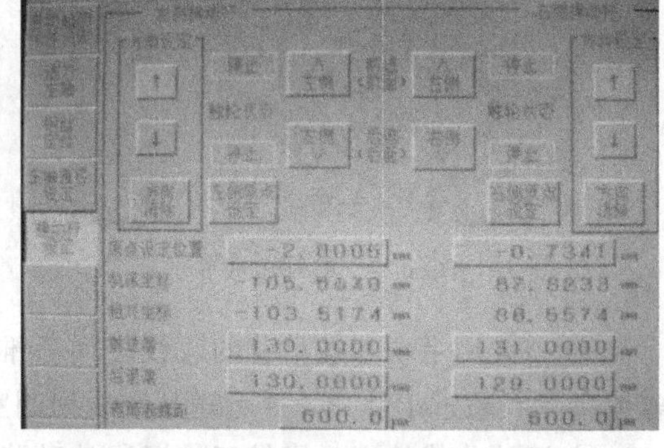

图 6-27 工艺参数

⑯ 如图 6-28 所示，对于单向切割，收线轮排线要求较低；但对于双向切割的切割机，收线轮的排线要求很高，要求排线均匀、排线平齐，收线轮的前后排线正好与收线轮法兰的边缘齐平。

⑰ 其他注意事项

a. 换上去的新收线轮一定要确保工字轮边缘处无毛刺，否则在绕线的过程中将钢线刮断。

b. 收线轮的前后排线一定要正与收线轮法兰的边缘齐平，同时排线要均匀、平齐。

图 6-28　收线轮的要求

c. 在清洗收线轮室的时候，勿用水直接冲洗，以免水进入电机引起重大故障。

d. 在清洗之后，要用气枪将收、放线轮室吹干，或用抹布将收、放线轮室擦干。

e. 上收线轮紧固螺钉的时候，必须检查螺钉的状态，确保螺钉无滑丝、无任何损伤。上紧的时候必须用 80N·m 扭力扳手拧紧。

f. 最好将用完钢线的新（放）线轮换到收线处，作为收线轮来用，可以保证收线轮绝对没有质量问题。

5. 更换放线轮

① 关闭断线检测功能。

② 将钢线剪断，并用胶带将剪断的钢线粘在机床的机体上，或用磁铁将钢线固定在机床上，以防止钢线乱动。

③ 拆卸放线轮　拆卸放线轮步骤与拆卸收线轮基本相同，步骤如下：

a. 将起吊工装固定在放线轮上；

b. 将换收放线轮专用车（以下简称为小车）推到合适位置，将吊钩固定在起吊工装上，并处于起吊状态，然后将侧固螺栓对准放线轮的固定用沉孔并向下拧紧；

c. 用套筒扳手将锁紧收线轮的螺栓卸下，并取出螺栓，松开侧固螺栓，然后慢慢地将被吊着的收线轮往外移，直到完全脱离机床；

d. 用手扶着被吊着的收线轮慢慢地往外移，直到完全脱离机床；

e. 一人用手扶着被吊着的放线轮向后推，另一人将放线轮的高度降低，使放线轮的离地高度不超过 100cm，并运送到废线切割室。

④ 清洁收、放线轮室。用铲刀将沉积的砂浆铲走，用湿抹布将与收线有关的滑轮组件、与收线轮接触的驱动轴、四壁擦拭干净。

⑤ 在新线领取处领取新线（一定要确保新线没生锈，工字轮法兰边缘处没毛刺、不变形），并将起吊工装安装在放线轮上，用吊钩将其吊起来。

⑥ 一人用手扶着被吊着的放线轮向后推，另一人将放线轮的高度降低，使放线轮的离地高度不超过 30cm，并运送到需要更换放线轮的机床处，如图 6-29 所示。

图 6-29 运送新钢线

⑦ 调节螺孔和定位销钉的位置，并将新放线轮安装到位，如图 6-30 所示。

⑧ 将放线轮安装到位，用侧固螺栓将收线轮固定，使用扭力扳手，用 80N · m 的力矩将螺钉上紧，如图 6-31 所示。检查放线轮到位后，松开夹具，移走小车，松开侧固螺栓。安装过程中，一定要确保拧上去的螺栓无滑丝、无任何损伤，否则需要及时更换。

图 6-30 安装放线轮

图 6-31 固定收线轮

⑨ 如图 6-32 所示。将放线轮上的包装纸去掉，小心地将钢线从放线轮上退出两圈，并用胶带将出线处粘好，以防止在接钢线的时候搞乱钢线。通过打线头的方式接好钢线。

⑩ 将“左侧卷筒直径”改为此放线轮的实际直径（400km 的线轮直径为 270mm 左右，在走线的时候会自动修正偏差），同时将“左侧卷筒储线量”改为此放线轮的实际储线量，如图 6-33 所示。

⑪将“左侧张力”改为 10N 左右，以低速走 50～100m 线，再把张力改为工艺要求的

图 6-32 安装钢线

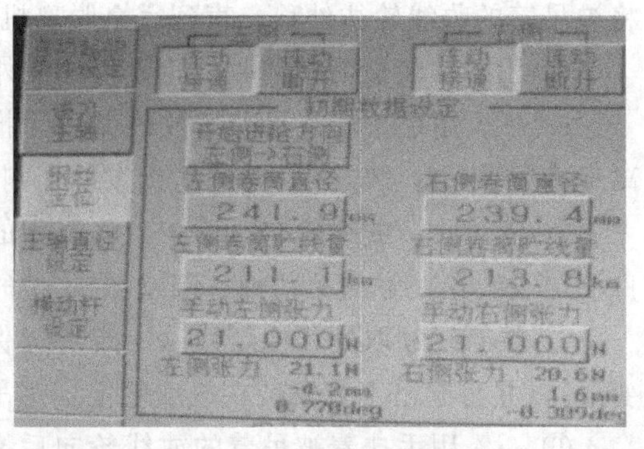

图 6-33 更改放线轮参数

张力，继续走 50～100m 线，检查线网是否有跳线、断线，如果有及时处理，确认线头已绕到收线轮上。如果排线效果不好，可以通过调整图 6-33 中的值，来调整收线轮排线情况，直到排线合理为止。如果发现设备有故障，立即保修，以免延误生产。

⑫ 其他注意事项

a. 换上去的新放线轮一定要确保工字轮边缘处无毛刺，否则在绕线的过程中会将钢线刮断。

b. 放线轮的前后排线一定要正与收线轮法兰的边缘齐平，同时排线要均匀、平齐。

c. 在清洗收线轮室的时候，勿用水直接冲洗，以免水进入电机引起重大故障。

d. 在清洗之后，要用气枪将收、放线轮室吹干，或用抹布将收、放线轮室擦干，以免水分影响切割效果。

e. 上放线轮紧固螺钉的时候，必须检查螺钉的状态，确保螺钉无滑丝、无任何损伤。上紧的时候必须用 80N·m 扭力扳手拧紧。

6. 编织线网

① 关闭断线检测功能，选择绕线模式。

② 确定切割线走线方向：如果放线轮在左侧，则选择“开始进线方向左侧→右侧”，如图 6-34 所示。以下均以放线轮在左侧进行介绍。

③ 在导轮上至少缠绕 2～3 圈绕线胶带，与导轮接触的面为胶带的不粘面，拉紧胶带，确保在之后的操作中两导轮都能同步转起来，如图 6-35 所示。

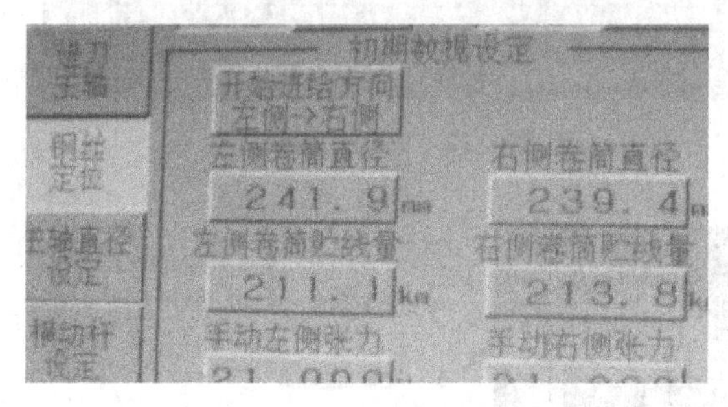

图 6-34　确定走线方向

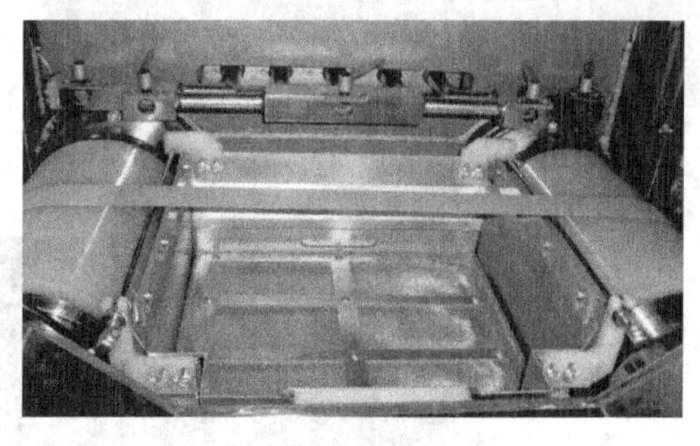

图 6-35　缠绕绕线胶带

④ 将放线侧出来的钢线系在一胶带卷上，以顺时针的方式绕在导轮上，并用胶带将带有钢线的胶带卷粘在胶带上，如图 6-36 所示。在布线时钢线至少从导轮的第 3 个槽开始，同时导轮尾部也必须至少空 3 个槽。

⑤ 刚开始绕线的时候，设置左侧张力不大于 10N，按下“连动接通”键，加上张力，如图 6-37 所示，图中的张力为 21N。

⑥ 将手动钢丝速度改为 10%左右，如图 6-38 所示，图中显示的为 30%。图中右箭头为正向走线按钮，左箭头为反向走线按钮。按下正向走线按钮，开始慢慢绕线。当绕至少 5～6 圈后，开始拨线。

⑦ 当线网宽度不小于 2～3mm 时，剪下胶带，将钢线的线头用小胶带粘住，并剪掉开始缠绕的胶带，如图 6-39 所示。

⑧ 将左侧张力改为 15N 左右，按下“正向走线”按钮，正向走线，如图 6-40 所示。当线网宽度不小于 10mm 时，将左侧张力改为切割时张力，将手动钢丝速度改为 30%左

图 6-36　布线

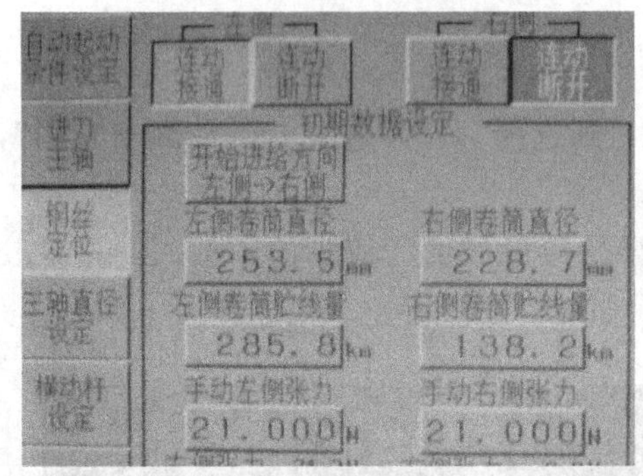

图 6-37　张力设置

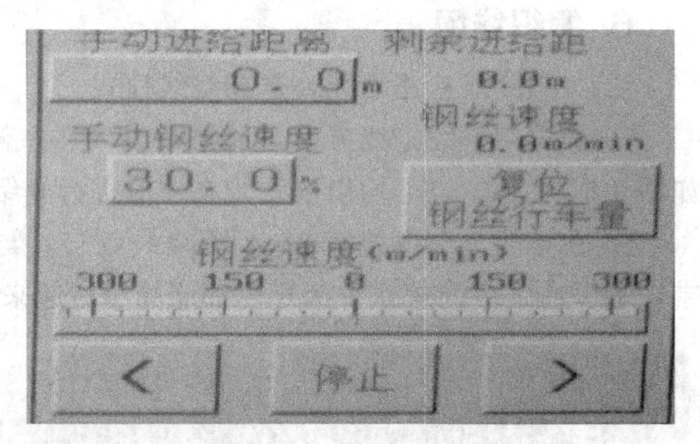

图 6-38　钢线速度设置

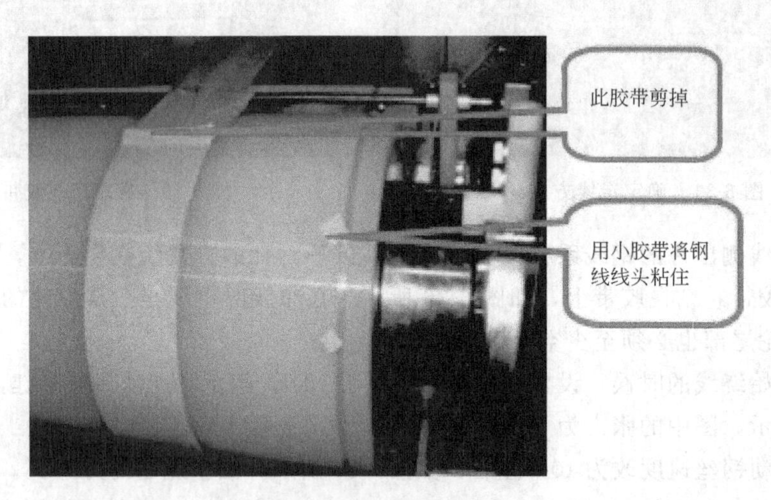

图 6-39　剪掉缠绕胶带

右，让其快速绕线，直至达到所需线网宽度。

⑨ 当线网宽度达到所需线网宽度时，如图 6-41 所示，将粘钢线线头的小胶带去掉，将钢线穿到线轮室，并检查在此过程线网上是否有跳线、断线，如果有，则必须处理，直到没有跳线、断线。

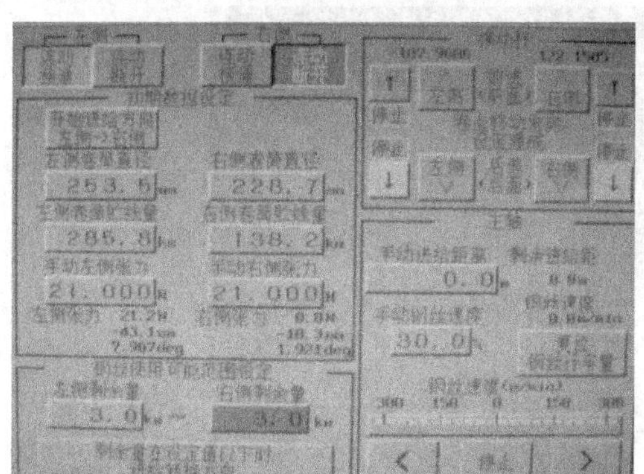
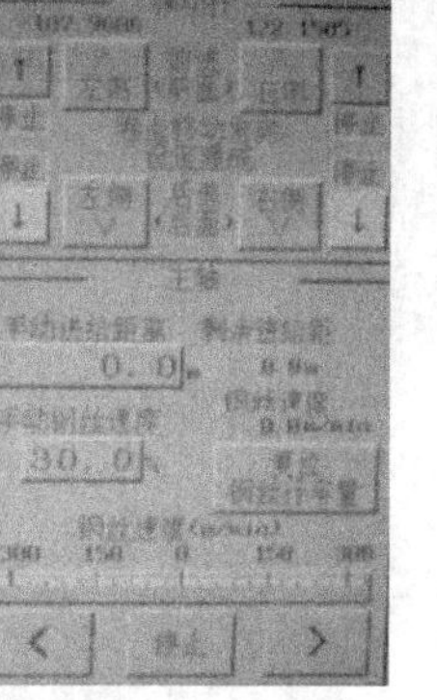

图 6-40　设置走线参数

图 6-41　布置完毕的线网

⑩ 待跑线完成后，将最后一根钢线抽出在滑轮上绕线，引接在收线轮上。

⑪ 如图 6-42 所示，将钢线在收线轮上手动绕几圈，并打结，用胶带粘住打结处，固定钢线。

⑫ 继续手动绕线模式，使钢线在收线轮上绕上至少 10～100m。

⑬ 如图 6-43 所示，启动右侧张力，张力值设置为 20～21N 左右，同时启动上面的断线检测继续绕线，并观察在收线轮上的排线情况。

图 6-42　收线轮上手动绕线

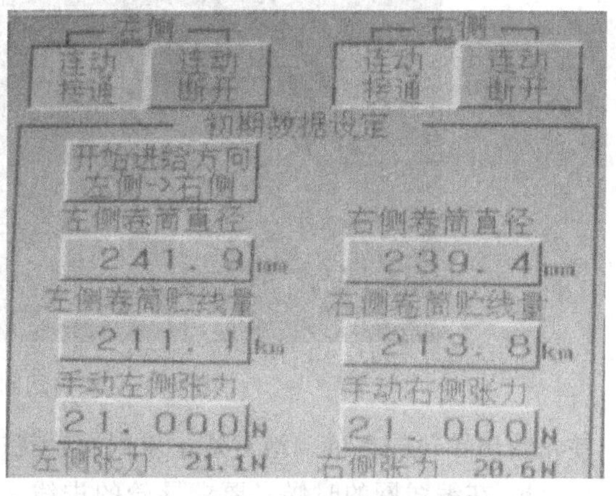

图 6-43　设置绕线参数

⑭ 如果排线效果不好，可以通过调整图 6-44 中的前进端、后退端、卷筒卷螺距的值，来调整收线轮排线的情况，直到排线合理，并观察导轮线网的情况，要求无跳线、断线。

⑮ 对于单向切割收线轮的排线要求较低，缠绕平齐即可；对于双向切割，收线轮的排线要求很高，要求排线均匀、排线平齐，收线轮的前后排线正好与收线轮法兰的边缘齐平，如图 6-45 所示。

⑯ 整个布线网过程完成。若需要对其进行分线网切割，可先领取晶棒进行上棒，根据晶棒分线网的宽度进行布线。

⑰ 其他注意事项

a. 在编线网之前，要求先刷导轮，使导轮清洁。导轮槽内一定要用铜丝刷干净，使

图 6-44　修改绕线参数

图 6-45　双向切割的收线轮排线要求

导轮露出导轮的本色。绝对禁止未刷导轮就进行编线网，每 3 刀刷一次导轮。

b. 在编线网的时候，要求导轮的进线、出线都要与导轮上具体相对应的进线、出线槽垂直，否则调整，直到垂直为止。

c. 在导轮编线网之前，必须仔细检查导轮的实际状况，确认导轮上没有明显的伤痕。

d. 上一刀片子如果出现大量的跳线，即便是导轮只用了几十个小时，也必须要等工艺确定导轮没问题，方能进行导轮的编线网工作。

e. 布线时，钢线必须以导轮的首尾至少空 3 槽开始布线，绝对禁止从导轮的第一槽开始到导轮的最后一个槽结束。

f. 由于收、放线轮的实际布线宽度尺寸有差异，因此每次更换收、放线轮都必须调节排线状态。

7. 更换滑轮

将滑轮上的钢线取下，用磁铁粘在机器壁上，检查滑轮表面磨损情况，根据滑轮的使用时间决定是否更换滑轮。更换时，取下旧的滑轮，换上新的滑轮，安装后，快速转动滑

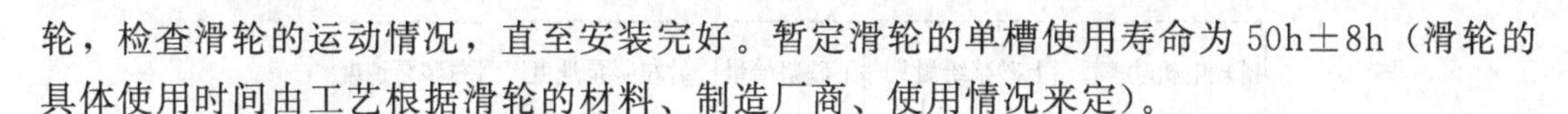

轮，检查滑轮的运动情况，直至安装完好。暂定滑轮的单槽使用寿命为50h±8h（滑轮的具体使用时间由工艺根据滑轮的材料、制造厂商、使用情况来定）。

8. 清洗部件

① 正常切割结束后，用风枪吹洗线网，直至线网上无残留物存在。清洗中间过滤网、砂浆喷嘴、下过滤网，每刀清洗一次。每次换放线轮前，将多余的钢线以30%的全速跑到自动报警。

② 用湿布擦净导轮轴承箱外露部位（与导轮连接处）、工作台两侧、滑轮后面感应部位。

③ 导轮每3刀左右刷一次（即在换放线轮的时候进行刷，禁止用酒精刷导轮、清洁导轮）。

④ 张力臂必须每刀都用不掉毛的毛巾擦干净。

⑤ 清洗设备时，收、放线轮室可用自来水清洗，用布把里面擦拭干净。

⑥ 设备每30刀完全清洗一次。每次换收、放线轮时必须用批灰铲清理切割室四壁、收放线轮室四壁、张力臂上的污物，并用不掉毛的毛巾将上述位置擦干净。

⑦ 设备完全清洗后必须用废砂浆循环20min以上（这里指的废砂浆是之前收集的切割第一、第二刀抽出来的砂浆，同时循环用的废砂浆必须与后续加入的新砂浆完全一致，包括砂子、液），以让其吸收设备里的水分，然后将废砂浆抽干净。

9. 切片机各操作界面

虽然各厂家切片机操作有所差异，但总体基本相同，控制界面基本为主操作界面、钢线检测界面、冷却循环界面、砂浆循环界面等。

(1) 主操作界面

切割机主操作界面如图6-46所示。

(2) 切割钢线检测界面

如图6-47所示。

(3) 冷却循环界面

如图6-48所示。

(4) 切割过程中工艺参数界面

如图6-49所示。

(5) 砂浆循环系统界面

如图6-50所示。

10. 切片机水电气及浆料准备

① 将机台顶部“水、气”浆料阀打开。

② 将切片机电机室一侧的电源主开关打在“ON”位置。

③ 点击控制屏中的冷却开关，开启各回路冷却开关。

④ 根据砂浆缸插头线上的标签，将插头插入对应槽内，并连接好砂浆管道。

11. 开机前准备

① 检查工艺参数，如图6-51所示。如果有通知要求改工艺，需有当班工艺员更改工

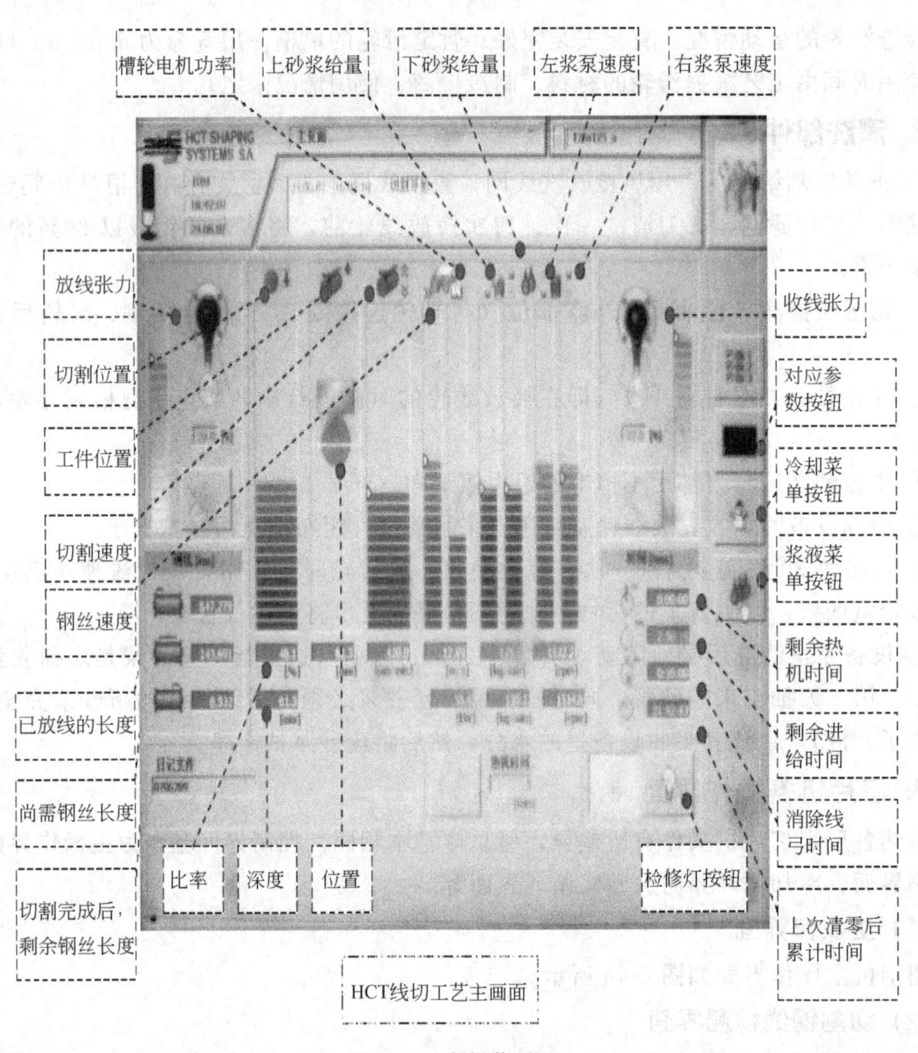

图 6-46 主操作界面

艺。如果未接到要求改工艺的通知，而发现工艺参数被更改，立即通知工艺人员确认，禁止操作员自行更改工艺参数。

② 检查加工时间，新线使用量保证有足够的新线，如图 6-52 所示。

③ 检查左侧卷筒储量是否足够开切，不够需要更换新线轮；检查右侧卷筒储量是否需要换收线轮。当右侧筒储量大于（新线轮钢线总长－一刀开切所需新线量）时，必须更换收线轮，如图 6-53 所示。

④ 检查各个滑轮、导轮的使用寿命是否在使用时间之内。以线轮为起点，沿着钢线的走向，滑轮的编号一次为 1、2、3……

⑤ 检查并确认线网无跳线、无断线，且导轮上的钢线为新线。同时检查钢线布线在导轮上首尾至少空 3 个槽，如果不符，必须重新布线。

⑥ 过滤网的清洗

a. 清洗设备之后或更换砂浆之后或停机超过 45min 时，将底部过滤网放在线网上。

b. 调小砂浆液流量至 30～50L/h，按下“温度调节”键，打开砂浆，进行砂浆的过滤参数设置，屏幕如图 6-54 所示。过滤至少 3min 后，再次按下“温度调节”键关闭砂浆，

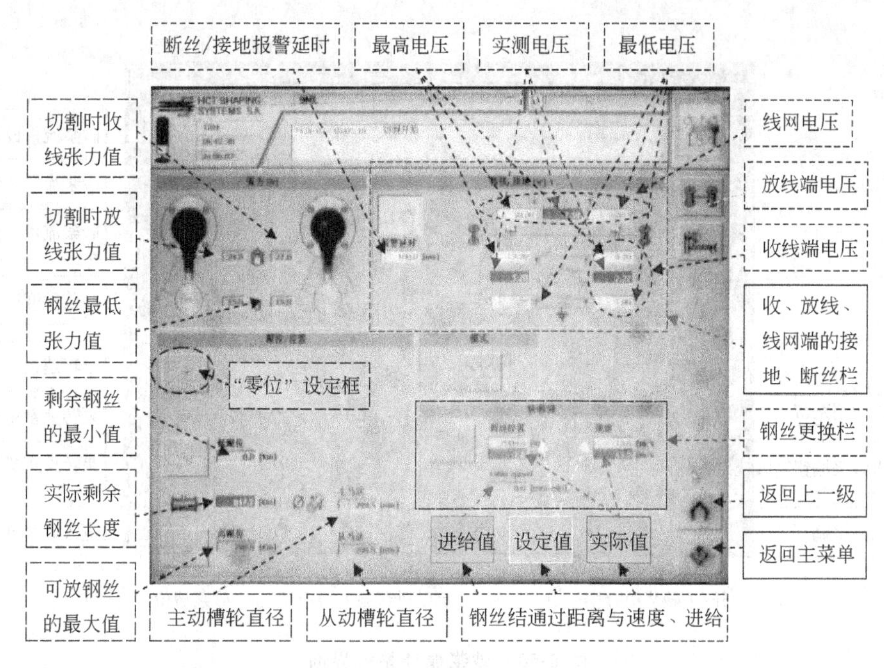

图 6-47　钢线检测界面

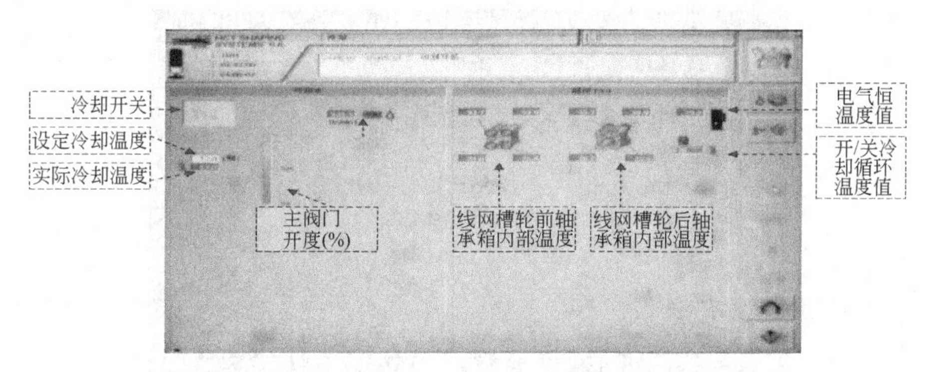

图 6-48　冷却循环界面

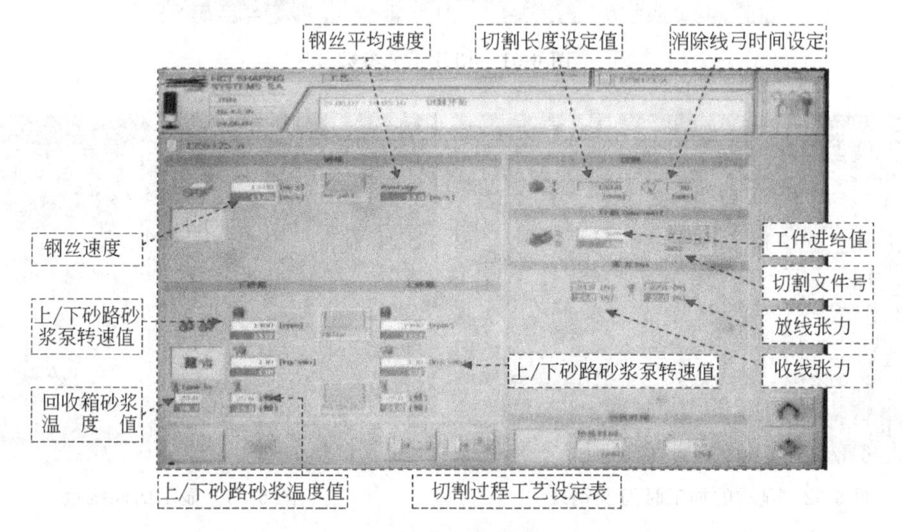

图 6-49　工艺参数界面

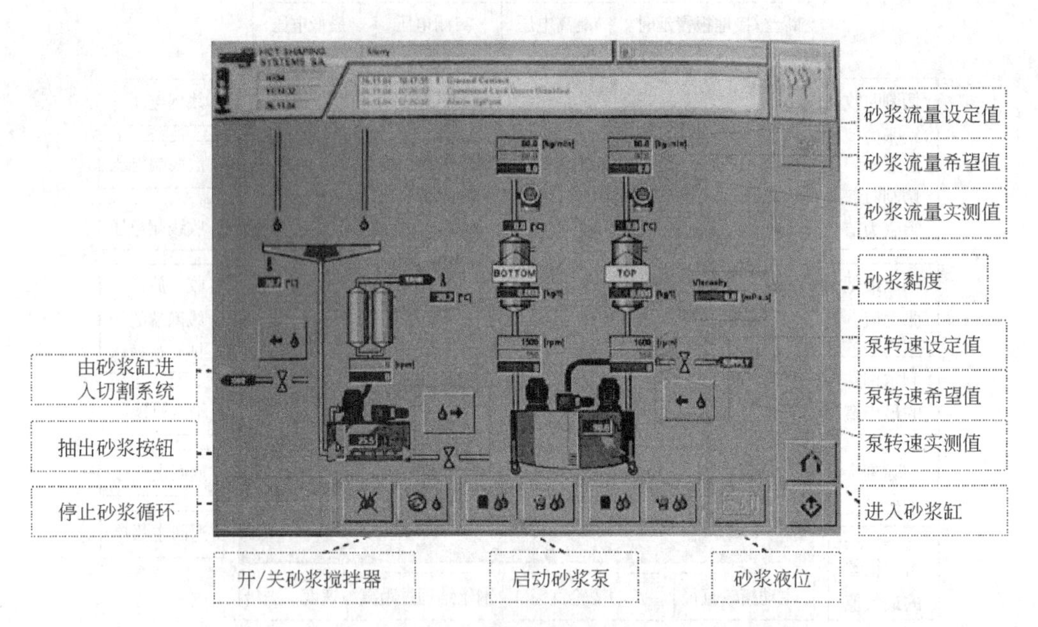

图 6-50 砂浆循环系统界面

数据编辑	进刀同步模式		弯曲修正时间	左侧张力	右侧张力	主轴加速	主轴减速	
	实行	无效	18.0	21.0	20.0	3.0	3.0	
	进刀位置	进刀速度	钢丝速度	进给距离	返回距离	砂浆液温度	砂浆液流量	分割数
1	-1.000	0.300	646.5	195.0	55.0	25.0	80.0	0
2	0.000	0.300	646.5	195.0	55.0	25.0	80.0	0
3	115.000	0.300	646.5	195.0	55.0	25.0	80.0	0
4	120.000	0.300	646.5	195.0	55.0	25.0	75.0	10
5	125.000	0.300	646.5	195.0	55.0	25.0	70.0	10
6	134.000	0.300	646.5	195.0	55.0	25.0	70.0	0
7	0.000	0.000	0.0	0.0	0.0	0.0	0.0	0
8	0.000	0.000	0.0	0.0	0.0	0.0	0.0	0

暖机 加工 工件上升 砂浆放飞 ▼ ▲

图 6-51 切片工艺参数

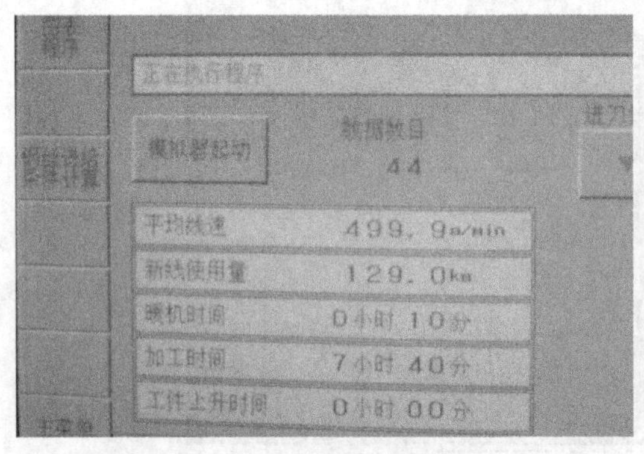

图 6-52 显示的加工时间及钢线

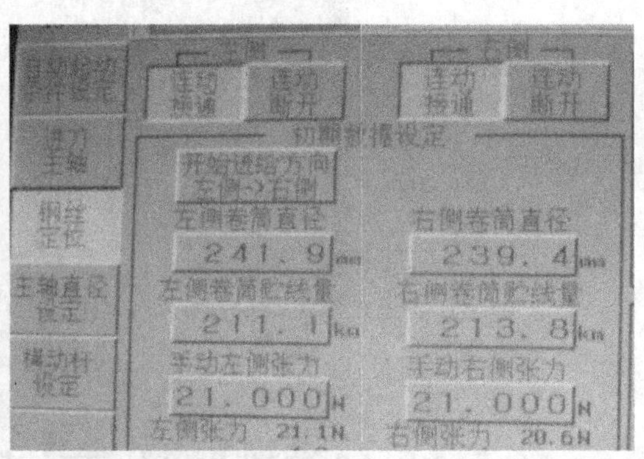

图 6-53 显示的储线量

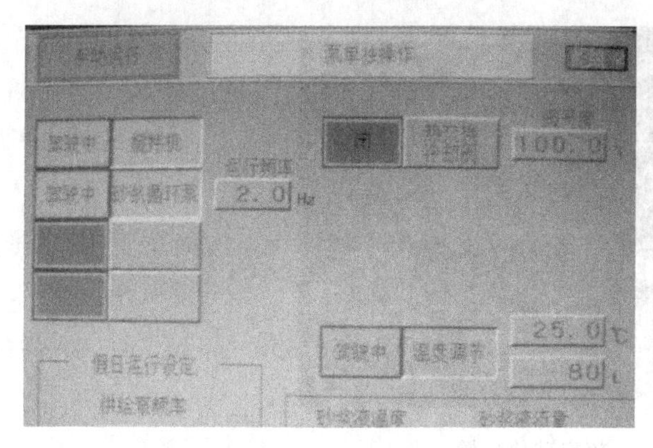

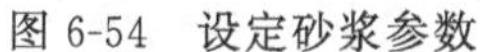

图 6-54　设定砂浆参数

图 6-55　安装砂浆喷嘴

将底部过滤网重新清洗并吹干后归位。

⑦ 安装砂浆喷嘴：将砂浆喷嘴装上，并确保用于锁紧砂浆喷嘴的扳手统统朝机床内部，且砂浆喷嘴不与线网接触，防止在之后的切割过程中与硅块相撞，造成重大事故。不同切割机砂浆喷嘴安装如图 6-55、图 6-56 所示。

图 6-56　砂浆喷嘴

⑧ 检查并确认工件已夹紧，气密检查 OK，左侧、右侧连动接通被打开（左侧、右侧张紧力打开）。

⑨ 对切割机按下低速向下键，使硅块慢慢向下移动，直至接触线网，线网无线弓。用尺检查，确保砂浆喷嘴在两晶托的中间，确保在之后的切割过程中砂浆喷嘴不会与晶托相撞，如图 6-57 所示。随后按下复位键，准备设置零点。

⑩ 检查砂路砂帘

a. 对照图 6-50 启动砂浆泵，打开砂浆循环。

b. 检查砂浆密度值是否在正常范围内。

c. 检查上下砂路砂帘是否完整无缺口，如图 6-58 所示。

d. 检查上下砂路两侧砂帘是否完整无缺口，如图 6-59 所示。

e. 砂浆循环 2～3min，停止砂浆。

f. 用工具轻拍线网，将冲洗下的杂质拍出，如图 6-60 所示。

g. 用压缩空气吹洗上下线网，将杂物清理干净，如图 6-61 所示。

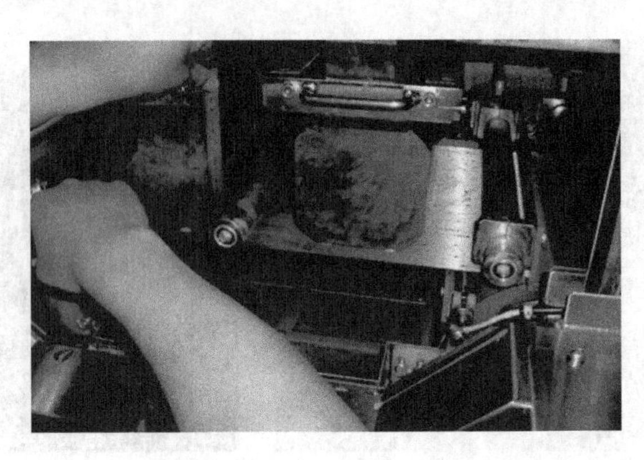

图 6-57 核定硅块位置

图 6-58 上下砂路砂帘

图 6-59 两侧砂帘

图 6-60 轻拍线网

图 6-61 吹洗线网

12. 设置零点、对刀

① 选择进刀画面，按▽低速运行，降低进刀单元压棒，以进线端树脂条碰到线网为准。

② 进刀单元停止在工件上端刚好与钢线接触位置，按下“复位”键，将数值清零，设定零点。

③ 按“△”(低速) 键，进刀单元上升 1～2mm 位置停止。

④ 打开砂浆，准备切片。

13. 准备开始切片

① 将左右挡板拆下，检查线网是否有跳线产生。若跳线过多，使导轮慢跑，用压缩空气吹击带有杂质的导轮，如图 6-62 所示。

② 处理完后，将左右挡装好，再次进行二次热机。待热机无跳线后关闭所有的安全门。

图 6-62　检查及处理跳线

③ 检查钢线定位画面。

④ 在电泵单独操作画面确认“砂浆循环泵”为“运行中”。

⑤ 确认砂浆均匀地喷在线网上。再自动启动条件设定画面，确认启动条件没有显示异常。

⑥ 热机时间结束后按“自动停止”按钮，检查线网情况。

⑦ 检查报警信息栏报警信息，检查线网确认无异常。确定安全门全部关闭，点击开机键。

14. 取硅片

① 待机器自动切割完毕时，机器报警自动停止。将锁键打在畅通状态，解锁。

② 打开机床门检查并确认硅块已切透，如图 6-63 所示。

③ 按住低速向上键，使硅块低速向上移动。在抬硅块的过程中要防止钢线被刮断。当硅块完全脱离钢线的时候，让硅块高速移至最高点；或输入数值，使工作台上移。如图 6-64 所示，屏幕中显示低速及高速按钮。

图 6-63　判定硅块切割状态

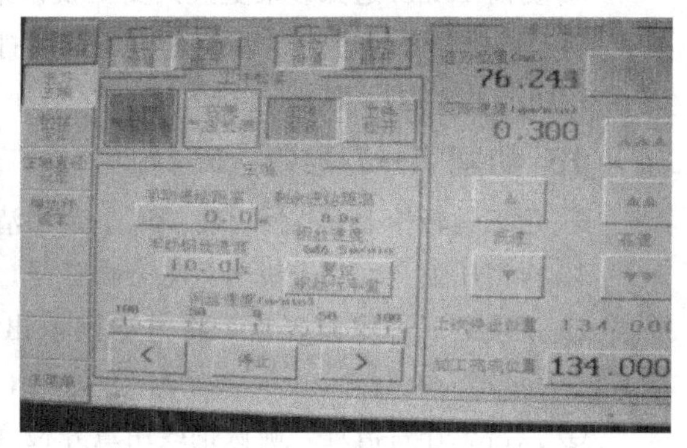

图 6-64　硅块上移

④ 将上棒专用升降车与晶托对齐，锁住车轮，打开工作台液压键，用手抓住把手，将晶托往后拉至升降车的把手处，如图 6-65 所示。

⑤ 固定硅块：将升降车的把手拉到最后面，并插上销钉及撑销，防止在推车的过程中硅块滑动，如图 6-66 所示。

⑥ 取片时需两人配合将硅片取出，如图 6-67 和图 6-68 所示，抓住支撑销小心地将硅块抬至专用周转车上，并有专人小心地将载有硅块的周转车推至清洗等待区，准备预清洗脱胶。

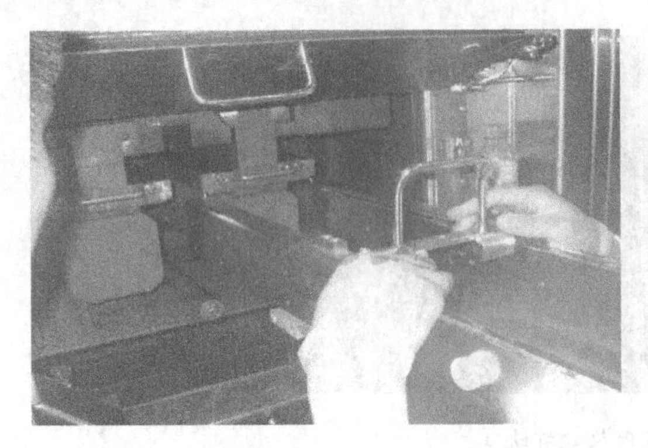

图 6-65 卸硅块

图 6-66 固定硅块

图 6-67 插有撑销的硅片

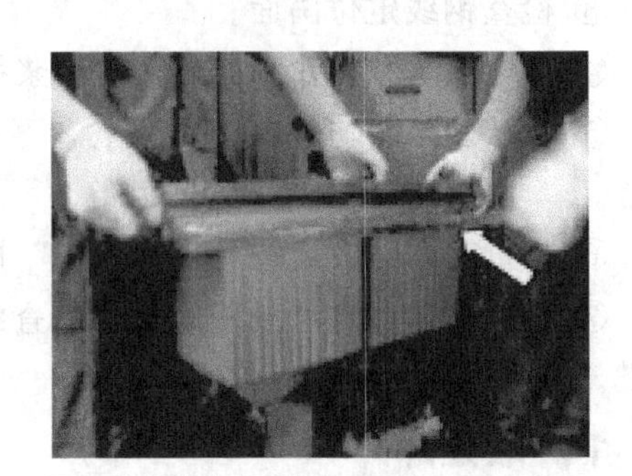

图 6-68 两人手抬硅片

15. 切割结束前准备工作

① 机器出片前 15min，准备好所有需要用到的工具、小车等（操作工具、酒精、无尘纸、换线轮小车、上下棒小车、清洗小车、中转小车、毛巾、手电、垃圾桶等）。

② 提前 10min 通知砂浆更换人员更换砂浆的种类、型号、更换量等。加工时间结束后，检查硅块是否切透。如果没有切透，则打开砂浆，进入钢线定位画面，手动运行钢线，待切透后再进行下一步。

16. 切割下一刀准备

① 用工具轻拍上下线网，将线网上杂物清理干净。

② 再用压缩空气吹击线网，将杂物除尽。

③ 清理上下过滤网碎片，将过滤网取出清洗，用压缩空气将过滤网吹干，装入切割室。

④ 点击工作台清理，确认钢线用量并检查钢线剩余量。

⑤ 在左右线轮未有断线情况下开启张力，启动导轮转动，并关闭所有安全门。

⑥ 钢线检测：进入钢线检测界面，一般检测 4000m 左右，跑线速度设定在 11～13m/s。

⑦ 打开切割室门，检查线网是否有跳线产生。

⑧ 打开绕线室门，清理收线轮上的废钢线，将废线放入垃圾桶中。

⑨ 清理收线轮轴心脏物，再喷上除锈剂，将法兰清理干净，并再装上。

⑩ 将留有的钢线缠绕在收线轮上，开启张力，控制导轮慢走，使收线轮上多绕一些

线，停止走线。

17. 关机

① 剪掉线网，取下收放线轮。

② 用自来水清洗干净机器内部、砂浆罐、滤网等。清洗过程中，不要将水喷洒在设备传感器件上。将 POWER 开关关至 OFF 挡，按下设备紧急按钮键，关闭设备总电源。

18. 常用切割参数

对于不同的单晶硅块与多晶硅锭，性能不同，切割参数不同。常见尺寸的切割工艺参数如表 6-7。

表 6-7 常见尺寸切割工艺参数

工艺参数	6″单晶	8″单晶	8″多晶
线速度/(m/min)	300～800	300～800	300～800
工作台速度/(mm/min)	0.25～0.4	0.2～0.4	0.2～0.4
张力/N	17～30	17～30	17～30
流量/(L/min)	50～100	50～100	50～100

19. 注意事项

① 切割前检查砂浆喷嘴挡板是否距离线网大约 3mm 以上。

② 打开砂浆，看从喷嘴中流出的砂浆是否成“瀑布”状。

③ 开切前机长先检查一下工艺：螺钉是否拧紧，进给是否准确，线速及线长设定是否准确，收放线轮储线量是否够本刀切割，表张力设定是否正确，线网上是否有跳线，小滑轮是否需要更换，接触轮是否转动灵活，零点是否已经对好，进线方向是否准确。

④ 机台工作区域禁止有私人物品（杯子、酒精、废布、砂浆袋等），操作工具要放在工具小车上。机器在切割过程中，机长要多注意机器是否有异常的情况（砂浆温度、冷却水压力、空气压力等），发现有异常情况立刻汇报当班的班长。设备上控制开切密度应在 1.60～1.67kg/L 之间，清洗设备后第一刀密度可放宽到 1.60kg/L，其他正常更换砂浆密度必须控制在 1.61～1.67kg/L。

⑤ 严禁在关掉气阀的情况下运送砂浆，清洗设备，否则砂浆或清洗液会进入导轮轴承内部而导致严重故障。在正常切割过程中也严禁关掉气阀或停止供气。

⑥ 每刀必须测量入线端和出线端第一根线的位置是否垂直。清洗设备时适当用水清洗，必须用气枪吹干。

⑦ 设备每 30 刀完全清洗一次。每次换收放线轮时，必须用批灰铲清理切割室四壁、收放线轮室四壁、张力臂上的污物，并用不掉毛的毛巾将上述位置擦干净。设备完全清洗后必须用废砂浆循环 20min 以上（这里指的废砂浆是之前收集的切割第一、第二刀抽出来的砂浆，同时循环用的废砂浆必须与后续加入的新砂浆完全一致，包括砂子、液），以让其吸收设备里的水分，然后将废砂浆抽干净，再加入工艺要求的新砂浆。

⑧ 每刀切割结束后，必须把中间、下过滤网、砂浆喷嘴、盖板都卸下，用水清洗，用气枪吹干，装好。每次更换砂浆或清洗设备后，都必须用下过滤网置于线网之上，打开砂浆，进行砂浆过滤至少 3min。

⑨ 每刀检查砂浆冷却温度 25℃±2℃。

⑩ 发生断线故障，应及时通知工艺人员，并保持现场，同时应收集断线线头 10～15cm，并将剪断处做个死结，交给工艺人员分析。

⑪ 在热机之时、切割之初、切割之时，都必须实时注意线轮收、放线的状态，如有异常，必须及时调整。

⑫ 在正常切割过程中，禁止打开线轮室、切割室防护门，以免高速旋转的线轮或导轮造成人员伤害。

⑬ 检查线网跳线的过程中，应将手按在导轮的最外侧，并且线速≤10%，同时使导轮顺时针旋转。

⑭ 检查左导轮时，手指指向钢线的走向；检查右导轮时，手指亦指向钢线的走向。

⑮ 如遇重大异常，需要立即停止设备或危害人身安全时，应立即按下急停键(EMERGENCY)。

[任务小结]

序号	学习要点	收获与体会
1	多线切割工艺的完整流程	
2	单晶与多晶切片的异同点	
3	多线切割与线开方的异同点	

任务五　废线切割工艺

[任务目标]

(1) 掌握收线轮上废线处理工艺。

(2) 熟悉废线处理设备操作要点。

[任务描述]

多线切割完毕后，需要去除收线轮上的废线，保证生产流程正常运转。本任务主要讲解废线切割。

[任务实施]

1. 准备仪器、工具及材料

① 收线轮夹具，液压吊车。

② 收线轮。

2. 操作前的准备和检查

① 开始切割工作前，应认真检查电源线和油路连接是否良好，接法是否正确、牢固可靠，配电箱及电源线容量是否满足需求。

② 为了避免切割熔渣飞溅、烟尘及有害性气体的危害，应使用规定的防护用具（口罩、手套）。

③ 切割进给速度已设置完成，禁止任何人员进行更改。

④ 检查油压系统是否正常。

3. 作业流程

① 将装载收线轮的夹具装在液压车上。

② 把车子推近收线轮处，将夹具装在收线轮上。

③ 打开操作间门后，启动照明灯开关，安装固定好砂轮片。

④ 打开电动液压车开关，吊起收线轮，将收线轮推入废线切割机。

⑤ 打开液压按钮，确认油泵处于工作状态，同时按回退按钮，确保砂轮切割机头复位至设备最右边。上升按键是连续控制运动的，下降按钮出于安全考虑是点动控制操作。

⑥ 撬棍转动线轮，将线轮的切割槽与砂轮对齐。

⑦ 按砂轮下降按钮，同时调整工字轮的垂直度至最佳状态，以砂轮片底部边缘位于切割导向槽中间位置高度 2～3mm 为宜。启动前进按钮，先观察砂轮运动轨迹与导向槽是否处于同一条直线，将运丝小车推放置于出料口底部待接废线。

⑧ 确认砂轮运动轨迹与导向槽位于同一条直线后回退砂轮切割机头复位。关上操作间门，启动风机开关后再启动砂轮开关，启动电机。待砂轮转动平稳后，启动前进按钮开关进行切割作业，切割机头将沿着工字轮导向槽方向缓慢进行头次切割。

⑨ 由于在切割过程中切割砂轮产生磨损（特别是绕线直径过粗的工字轮），还需进行重复切割。重复切割前还需按④～⑦操作步骤切割。

⑩ 切割完毕后，复位砂轮切割机头前，必须先将机头上升，然后关闭所有开关电源。用抹布将线轮擦干净，用砂纸打磨线轮两边毛刺。用气枪将擦拭残留水迹吹干。用液压车将其吊起，放入线轮架。

⑪ 打开机体操作间门，两人手动抬下切割完钢线的工字轮，放在周转小车上，将废钢线和工字轮运至钢线导轮间，妥善进行处理。

⑫ 切割机右侧面留有切割砂轮更换窗，待机器复位时关闭所有开关电源，才可进行更换。

⑬ 将收线轮安装锥面用干布擦干净，轻轻涂一层油脂。

4. 注意事项

① 检查砂轮是否有破损迹象，如有需报修，更换新砂轮。

② 作业期间，需穿戴劳保用品。

③ 切割深度每刀约为线轮槽高 1/3，不可一次切削完成。

④ 发现不良线轮，将其作不良标记，另行存放。

⑤ 各电缆连接处必须接线可靠、绝缘良好。切割场所不得放有易燃、易爆的物品。不要将手指、衣服、头发等靠近切割机的旋转部位（如吸尘风机等），以防引起伤害。

⑥ 复位砂轮切割机头前必须先将机头上升。工字轮上下卸载时切勿撞击砂轮及固定栏。不要在拆卸外壳或其他防护装置的情况下使用切割机。

⑦ 切割次数根据绕线工字轮的钢线实际深度而定，绕线较深等特殊情况下需做二次切割。

⑧ 切割速度不可行进太快，否则会引起砂轮的振动而导致偏差，具体可视工字轮上绕制的钢线多少而定。行进中若发生振动，表示推送太快，应减缓推送速度以免砂轮破裂引起危险。

⑨ 使用中如出现故障，应及时停机检查，待故障排除后方可继续使用。切割作业完毕或暂时离开切割现场时，应切断切割机所有的开关电源。

5. 关机

① 确认砂轮已升至顶部。

② 关闭设备电源。

③ 关闭照明电源。

④ 清理钢线以及粉尘，将工字轮整齐放置于指定地点。

[任务小结]

序号	学习要点	收获与体会
1	废线切割操作流程	
2	废线切割设备操作要点	

任务六 多线切割机的维护保养

[任务目标]

熟悉线切割机的日常维护保养。

[任务描述]

在多线切割过程中，机器对硅片的影响很大，需要对多线切割机做好日常维护保养工作。本任务主要讲解多线切割机的维护与保养。

[任务实施]

1. 熟悉多线切割机的设备构成

多线切割机主要由切割室、两个放线室、基台、浆料缸、配电室、气压仓 6 部分组成。在设备日常运行过程中，需要对不同的部件进行维护保养。具体的维护与保养时间视部件不同有所区别。

2. 维护时间表

定期进行预防性检查和维护工作对机床的安全非常重要。正确的定期维护可减少生产停工时间。如果机床发生故障或对机床进行修理之后，应立即针对故障或修理进行相应的检查和维护。各部件维护时间如表 6-8 所示。

表 6-8 各部件维护时间表

时间间隔	检查	清洁	润滑	更换
切割过程中	固定轴承和活动轴承的温度，线匝的切割线结构			
每天，在每次切割前	工件支承台检查，检查导轮的磨损情况、换向轮的校准情况和运行时间			
每次切割后		浆液斗，浆液喷嘴		
每周，或机床长期停用前或运行125h 后	检查换向轮轴承、浆液过滤器	管路清洁，切割区域和线匝、浆液过滤管、浆液过滤器		
每月，或运行500h 后	测力轮、球面座圈、轴承冷却单元的旋转式衬片、线匝驱动皮带、进给滑块单元的压缩空气	测力轮		
每 3 个月，或运行 1500h 后	排线装置制动器、密封空气、空气维护单元的压力开关、冷却水连接		进给丝杆、导轨架直线导轨、活动轴承和固定轴承、活动轴承的轴承衬套、固定轴承的轴承衬套	
每 6 个月，或运行 3000h 后	齿轮油搅拌器、隔膜阀	冷却水过滤器		
每 12 个月，或运行 6000h 后	线匝的碳刷、隔膜阀、手动			空气维护单元的过滤器、SIMATIC 控制单元的电池

3. 润滑、维护和清洁工作

① 清洁工件支承台　每天或每次切割前将支承台表面的浆液沉淀清除干净。

② 清洁浆液斗　每次切割后清洁浆液斗。

③ 清洁浆液喷嘴　每次切割后，按拆卸要求拆卸浆液喷嘴，并将其清洁。

④ 管路清洁　每周、机床长期停用前、运行 125h 后，对管路进行清洁，冲洗浆液管道。在清洁作业时，必须打开压缩空气源，向外流动的密封空气可以阻止清洁剂或浆液渗入轴承点。

⑤ 清洁切割区域和绕线区域　每周、机床长期停用前、运行 125h 后，清洁切割区域

和绕线区域的浆液沉淀，压缩空气源必须随时处于打开状态。向外流动的压缩空气可以阻止清洁剂渗入轴承点。在清洁过程中，绕线区域的浆液流可能会被阻塞。

⑥ 浆液过滤管　每周、机床长期停用前、运行 125h 后，清洁切割区域的浆液过滤管。

⑦ 测力轮　每月或运行 500h 后，如果需要，清洁测力轮上的浆液，检查固定环和测力轮轴承之间的间隙（约 1mm）。

⑧ 进给丝杆的润滑　每 3 个月或运行 1500h 后，重新润滑进给丝杆。具体润滑步骤如下：

a. 打开顶盖的右门，从后部进入；

b. 将进给滑块单元移至底部限位处；

c. 在添加润滑剂前，使用一块干净的棉布清洁润滑头；

d. 用黄油枪加注 3～4 枪；

e. 移动进给滑块单元至顶部限位处、底部限位处、中间位置处；

f. 重复润滑过程，再次用黄油枪加注 3～4 次枪；

g. 全程移动滑块 2～3 次；

h. 关闭顶盖的右门。

⑨ 润滑直线导轨的导轨架　每 3 个月或运行 1500h 后，重新润滑直线导轨的导轨架。具体润滑步骤与进给丝杆的润滑类似。

⑩ 润滑活动轴承和固定轴承：每 3 个月或运行 1500h 后，重新润滑活动轴承和固定轴承，具体润滑步骤如下。

活动轴承的润滑程序：

a. 启动主驱动，设定切割线速度为 1.5m/s；

b. 打开两扇前门；

c. 在添加润滑剂前，使用一块干净的棉布清洁润滑头；

d. 润滑两个活动轴承；

e. 关闭前门；

f. 10min 之后关闭主驱动。

固定轴承的润滑程序：

a. 启动主驱动，设定切割线速度为 1.5m/s；

b. 在添加润滑剂前，使用一块干净的棉布清洁润滑头；

c. 润滑两个固定轴承；

d. 10min 之后关闭主驱动。

⑪ 球面座圈　更换导轮时或运行 1 个月后，清洁导轮的球面座圈、活动轴承和固定轴承，检查球面座圈的磨损情况，并用油脂润滑球面座圈。

⑫ 轴承衬套

a. 活动轴承的轴承衬套：更换导轮时或运行 3 个月后，重新用油脂润滑活动轴承的轴承套的缸套表面。

b. 固定轴承的轴承衬套：更换轴承时，重新用油脂润滑固定轴承的轴承套的缸套表面。

⑬ 清洁冷却水过滤器　每 6 个月或不能达到指定水温，清洁冷却水过滤器滤网。当维护液压系统时，必须确保没有加压。

⑭ 搅拌器　每 6 个月或运行 3000h 后，目检油位。

⑮ 导轮　每天或每次切割前检查导轮的磨损情况。与切割线接触部件的磨损可能会不断增加，磨损后的导轮会导致断线。

⑯ 浆液过滤器　每周、机床长期停用前或运行 125h 后进行检测，主要检查浆液过滤器是否有裂纹，并清洁浆液过滤器。

⑰ 排线装置制动器　每 3 个月或运行 1500h 后，检查制动功能，检查制动摩擦片厚度，厚度至少有 1mm 左右。

[任务小结]

序号	学习要点	收获与体会
1	多线切割的部件	
2	多线切割机的日常维护	

任务七　切片过程中异常问题处理

[任务目标]

（1）掌握硅片加工过程中的异常情况处理。

（2）掌握提高硅片质量的途径。

[任务描述]

硅片切割过程中，由于多方面的原因，会造成硅片质量下降，直接影响企业效益。本项目从线痕、断线等个多角度深度剖析硅片切割过程中的问题。

[任务实施]

1. 认识钢线对切片的影响

钢线有两个参数，一个是椭圆度，一个是磨损量。钢线经过一次切割后会磨损变形，经多次切割的钢线会对硅片表面造成影响，降低硅片切割质量。硅片表面的粗糙度跟切割工艺相关，单向切割表面粗糙度一般在 5μm 内，双向切割表面粗糙度会增加 3～5 倍。

双向切割有两种工艺：一种是将整轴钢线进多次切割，每次为单向切割，这种工艺在 NTC 机型上使用；一种是一段线进行多次切割，这种工艺在 MBDS264 机型上使用。

要降低光伏发电成本，提高其竞争力，降低硅片成本是必须的。硅片成本主要包括以下两方面。

(1) 硅料成本

硅料分单晶和多晶。不同的硅料，对钢线作用力不同。多晶存在晶界，晶界的组成很复杂，由于硬度等关系，对钢线的作用力是变化的，瞬间超出极限拉伸强度的可能性较大，多晶比单晶更易断线。

(2) 加工成本

加工成本中又以浆料成本和钢线成本为最高，为2～3元/片，双向切割用线量为单向切割的一半，即降低了成本，为1～1.5元/片。

切割过程中，浆料对钢线的伤害是很大的，主要表现为磨损，降低钢线的极限拉升强度。由于浆料中杂质较多，颗粒不均匀，也存在很多不确定因素，使钢线断线的概率也会提高。

总而言之，硅块对钢线的作用力越大，浆料对钢线的磨损越严重（极限拉伸强度降低），钢线越易断线。

2. 线痕

(1) 线痕分类

在拣片工序中，根据线痕由轻到重大致可分以下几类。

① 摩擦线痕。清洗后由片子相互摩擦产生，可能是由于清洗不净或表层脱离引起。

② 亮线痕。钢线摩擦硅片产生的白色线痕，即通常所说的线印。

③ 突起状线痕，也就是常说的线痕。应该是由于跳线或切削力不足或晶体硬质点引起的。

④ 轻微划伤。轻而短的未贯穿的划伤，大颗粒或碎硅片引起的短划伤。

⑤ 划痕。贯穿整个片子较深的划伤，易从划伤处产生裂片，单晶较少出现，多晶主要由硬质点、晶界或微晶引起。

(2) 单一的阴阳刻线

硅片表面出现单一的一条阴刻线（凹槽）、一条阳刻线（凸出）。产生的原因，并不是由于碳化硅微粉的大颗粒造成的，而是单晶硅拉制、多晶硅铸锭过程中出现的硬质点造成跳线而形成的线痕。

(3) 集中在同一位置的线痕

硅片表面集中在同一位置的线痕，很乱且不规则。产生的原因可能是：

① 机械原因；

② 导轮心振过大；

③ 多晶硅铸锭的大块硬质晶体。

(4) 第一刀线痕

硅片切割第一刀出现线痕，硅片表面很多并不太清晰。产生的原因可能是：机床残留水分或液体，造成砂浆黏度低，钢线黏附碳化硅微粉量下降，切削能力降低。具体如下：

① 砂浆黏度不够，碳化硅微粉黏附钢线少，切削能力不够；

② 碳化硅微粉有大颗粒物；

③ 钢线圆度不够，带砂量降低；

④ 钢线的张力太小产生的位移划错；

⑤ 钢线的张力太大，线弓太小，料浆带不过去；

⑥ 打砂浆的量不够；

⑦ 线速过高，带砂浆能力降低；

⑧ 砂、液比例不合适；

⑨ 热应力线膨胀系数太大；

⑩ 各参数适配性差。

(5) 调整新工艺、更换新型耗材后出现线痕

① 砂、液比例不合适，或液体黏度太大，造成砂浆黏度太大或太小，砂浆难以进入线缝或碳化硅含量较低。

② 碳化硅切割能力差，无法与切割速度相适应。

③ 钢线圆度不好，进入锯缝砂浆量不稳定。

④ 钢线的张力太大或太小，造成钢线携带砂浆能力差或线弓太小，砂浆无法正常进入锯缝。

⑤ 钢线速度过快或过慢，造成砂浆无法黏附或切割效率下降，影响切割效果。

⑥ 各参数适配性差。

(6) 出现废片

硅片切割到某一段出现偏薄或偏厚的废片，分界非常明显，一般是由于跳线引起的。跳线的原因：

① 导轮使用时间太长，严重磨损引起的跳线；

② 砂浆的杂质进入线槽引起的跳线；

③ 导轮表面脏污；

④ 硅块端面从切割开始到切割结束依次变长，造成钢线受侧向力而跳出槽外；

⑤ 硅块存在硬质点，造成钢线偏移距离过大，跳出槽外。

(7) 常见阴刻线线痕

由于硅块本身生成气孔，切割硅片后可见像硅表面一样亮的阴刻线，并不是线痕。

(8) 其他位置的线痕及解决办法

① 进刀口。由于刚开始切割，钢线处在不稳定状态，钢线的波动产生的线痕。由于进线点质硬，加垫层可消除线摆。

② 倒角处的线痕。由于在粘接硅块时底部残留有胶，到倒角处钢线带胶切割引起的线痕。粘胶过程中注意清理余胶。

③ 硅块后面的线痕。钢线磨损，造成光洁度、圆度都不够，带砂量低、切削能力下降、线膨胀系数增大引起的线痕。

3. 断线

断线的原因主要是拉伸强度超出了钢线的极限拉伸强度。造成断线的原因有人、机器、硅料与浆料、环境等方面，下面就硅料与浆料做简要分析。

① 硅料　切割过程中，硅块对钢线的作用主要是力的作用：径向的压力（工件平台始终向下运动）和摩擦力（阻碍钢线横向移动）。

② 浆料　切割过程中，浆料对钢线的伤害是很大的，也存在很多不确定因素。主要

表现为磨损、降低钢线的极限拉升强度。

③ 硅料与浆料对钢线的作用是相互的，硅块对钢线的作用力越大，浆料对钢线的磨损越严重（极限拉伸强度越小），钢线越易断线。

多线切割过程中，由于切割不当或切割工艺等多方面的原因，常出现断线现象。对断线善后如下：

① 首先做好断线记录（断线时间、机台号、部位、切深），留好线头；

② 查明断线原因及断线情况；

③ 及时上报，未经同意，不得私自处理。

在得到上级主管部门同意后，再对断线进行处理，具体处理流程视硅块切割的深度、断线的位置而定。具体如下。

① 若在出线端断线，且宽度不超过 10mm，则直接拉线切割。

② 若切深≤60mm 中部或进线端断线，以 30mm/min 直接升起，迅速布线，8000L/h 流量砂浆冲洗。冲片时在线网上铺上无尘纸，冲开粘在一起的片子后，迅速把硅块降到距线网 2mm 处，然后以 10mm/min 的进给速度认真仔细地“认刀”。

③ 中部或进线端断线，切深在 50～80mm 之间的，以 10mm/min 的速度升料到距进刀处 30～40mm 停止。线速调到 2m/s，以 22m/s 走线 1cm 调平线网，停止。打开砂浆以 8000L/h 流量均匀冲片子。把硅块两侧的线网小心地剪掉（剪时要用手捏着），留出 3～4cm 的线头，另一端不剪（进线端有线网的一定要保留该部分线网，以便重新布线。剪两侧线网时一定要用手或其他夹紧物夹紧预留的线网头）。布线网，重新切割。进线端或中部断线切深超过 80mm 的，视情况能认刀的就认刀，否则就反切或直接拉线正向切割。

④ 进线端断线，第一次断线，切深在 80mm 以上时，具体操作如下。

a. 换掉放线轮，用一个空的收线轮来代替。以低于 2N（原左 19 和右 21）的张力，切割线方向改为右，其他参数不变，手动 2m/s 的线速走 1m，不要开砂浆。

b. 把硅块提升至 30～40mm 处，重新对接钢线。焊线时要焊接均匀，焊接点的点径要和线径相同。经 15N 的张力走线 300～400m，改张力为自动切割的张力，每秒 1m，不开砂浆，走到出线端 5m 时，把张力改为 15N，待线头在收线轮上绕 2～3 圈，改回原来的张力。把硅块压到断线位置，误差在 0.05mm，打开砂浆。以 1m/s 速度的 20%走 1m，经班长确认无误后进行切割。

⑤ 找寻切片最佳工艺的方法。利用软件系统记录每一次切片的详细数据，记录整个切片过程中机器的各种参数及其变化曲线、浆料信息，以及前段工艺中有关硅块结晶情况等。将这些数据与切片的结果关联起来，做成一个庞大的数据库。系统自动比对前段工艺中的硅块的品质信息，线切机最近的运行状态，钢线的使用次数、磨损量，装载的浆料成分品质信息、回收次数等，然后找出以前的切片中与之最匹配、切片效果最佳的配方设定点、线速、线弓大小、力度等。

⑥ 注意事项

a. 各类断线的善后过程中，必须处理好线网，其中包括碎片、胶条、砂浆颗粒。

b. 在升硅块前，把胶条去掉，上升速度为每分钟 10mm。上升过程中如夹线，不可用手去摸，只能用手轻微探摁一下，把线网走平。

c. 认刀前以 5m/s 的速度走线 100m。在不松开张力的情况下，停止走线，然后以 10mm/min 认刀，要一次性认进。

4. 硅片崩边

硅块在切割过程中，粘胶面偶尔会出现崩边，主要是在脱胶后，在方棒两头的硅片粘胶面呈现边沿发亮，硅层呈线式脱落崩边，及距粘胶面 0.1mm 处线式崩边。脱胶和清洗时观察不到崩边，检验时能发现崩边。

(1) 原因分析

① 开方进给不稳，外圆刀锯转速不稳，刀锯金刚砂层质量不好，造成刀痕过重。方棒表面刀纹不平、凹凸起伏、隐型损伤（指的是锯开方）、线开方损伤可忽略。

② 方棒温度低，胶在凝固时的高温反应热破坏了粘胶面的硅层结构。

③ 硅片预冲洗水温过低，脱胶水温过低，胶层未完全软化时员工就用手把硅片用力推到。

④ 由于采用的是小槽距、大线径，不可避免地会在出刀时造成硅片向阻力小的一方的倾斜，方棒两头的硅片受到的阻力最小，造成两个棒子 4 个头部近 32mm 长度内的硅片出现崩边。

⑤ 粘接剂太硬，在钢线出硅块粘胶面的瞬间，破坏了硅层。

(2) 预防措施

① 脱胶　经过控制脱胶的规范操作，即使前道工序已经对方棒表面产生不良影响，经过优化粘胶方式和手法，也要把损失降低到最低点。在目前的设备配置前提下，严格要求脱胶工艺参数，“45～50 ℃温水，浸泡 25min”，联系设备部，做硅片隔条，降低硅片倒伏时的倾度。

② 严格控制方棒超声池的水温在 40℃，超声到粘胶的时间间隔控制在 2h 内，粘胶房的温度控制在 25℃，湿度不超过 50%。

③ 对开方机进行一次进给和转速校正。开方后的方棒经打磨后再滚圆，并请设备部做出设备三级维护计划书，做定期维护保养。

④“分线网”硅片切割。方棒两头各留出 2mm 不切割，减少切割过程中硅片向两侧“分叉”。另外一种办法是做一个可调试挡板系统，挡住方棒两头，防止硅片“分叉”崩边。

⑤ 采用线开方和磨面机，有条件的最好腐蚀一下。更换粘接力强但硬度适中的粘接剂。

(3) 崩边善后处理

采用磨砂玻璃和 1700＃碳化硅按一定的水分比例，选择某种手势、力度、角度，磨掉在边长要求范围内的崩边。

5. 圆弧角崩边（硅落）

(1) 圆弧角崩边的原因

主要是由辅料、人员、工艺、机器等方面原因造成的。具体分析如下：

① 辅料方面　砂轮质量、粘胶玻璃；

② 人员方面　违规插片、工艺人员水平问题、违规刮胶、违规脱胶、违规滚磨；

③ 工艺方面　滚磨工艺、粘胶刮胶工艺、切片工艺；

④ 机器方面　甩干机、插片机、滚磨机轴承、升料时夹线。

(2) 圆弧角崩边（硅落）预防和返工措施

工艺和技术人员应根据圆弧角崩边的详细情况，科学准确地判定出其直接原因和根本原因。一方面制定出消除已经产生的圆弧角小部崩边和小硅落的有效措施，另一方面制定出预防圆弧角再次发生崩边的预防性可行性方案，作为紧急性、临时性工艺文件执行。

① 滚磨后即发现 4 个角大量有规则崩边和硅落，90％的原因是精磨进给速度大于 15mm/min 和砂轮已经钝化，另外 10％的原因是精磨进刀量大于 1mm 和粗磨速度大于 25mm/min。此种方棒会出现 4 个角全是亮点，甚至崩边、缺口。解决措施是调整进刀量、进给速度、打磨砂轮。

② 磨滚后方棒 4 个圆弧角光亮圆滑，切片后靠方棒粘胶面的两个角出现硅落、缺口、崩边，就要层层回追，从甩干机、插片工序、脱胶工序等寻找此种不良的发生源。

(3) 实例分析

圆弧角硅落、崩边。缺口大都发生在 6.5″和 8″等大直径硅片切割过程。脱胶后即发现有此种不良品，并且与清洗后硅片检验出来的数目约等。从两个方面入手进一步寻找原因，检查粘胶工序，是否违规硅胶，已经在切片前造成一定程度的圆弧角的线性损伤，如是，立即纠正；如否，检查升料是否夹线并伴有大量掉片，大都原因是夹线升料，敲打切割线造成圆弧角硅落、缺口、崩边。立即采取措施防止夹线，比如更换玻璃，适量加大槽距或剪线升料等。其他类似不良情况，采取相应的 QC 控制手法。

6. 硅片厚薄不均

(1) 硅片厚薄不均

主要是由环境、辅料、人员、方法、机器五个方面原因造成的。具体分析如下：

① 环境方面　地面共振，车间温度变化大；

② 辅料方面　导向条质量不好，线径不均匀，槽距不均匀，小滑轮槽不均匀；

③ 人员方面　树脂导向条错位，未放过滤袋、过滤网，工件螺钉未拧紧，使用搅拌时间不到的砂浆；

④ 工艺方法方面　进刀砂浆流量、砂浆配置比例、二次切割情况、工艺设计不科学；

⑤ 机器方面　切片机张力不稳，切片机主辊共振、导轮质量问题。

(2) 预防措施

① TV 偏大或偏小。根据客户要求片厚，计算出最佳成本及最佳质量的槽距、钢线、碳化硅、砂浆密度。

② TTV≥15μm 的硅片占比超过 0.62％，属于异常。对于一次切割，应增加导向条，两次切割最好把导轮（主辊）槽距改一下，或第二次切割时砂浆流量增大 500kg/h（5L/min）或多更换 20kg 砂浆。

③ 硅片进刀处的进线端（角）偏薄或偏厚，应修改进刀时的砂浆流量。

④ 同一个硅片的厚度呈大—小—大—小分布的，应调整切割工艺程序，进给、线速、流量应均匀同步变化。

⑤ 跳线引起的某刀硅片厚度异常。同一个片的厚度异常，不同片子的厚度偏差等，应通过加过滤网、过滤袋、振荡过滤器和切割前仔细过滤，没有跳线来消除。

在光伏领域，线锯技术的进步缩小了硅片厚度，并降低了切割过程中的材料损耗，从而减少了光伏发电的硅材料消耗量。目前，原材料几乎占了晶体硅太阳能电池成本的1/3，因此，线锯技术对于降低太阳能每瓦成本，并最终促使其达到电网平价起到了至关重要的作用。最新最先进的线锯技术带来了很多创新，提高了生产力，并通过更薄的硅片减少了硅材料的消耗。

[任务小结]

序号	学习要点	收获与体会
1	提高硅片质量的途径	
2	硅片异常情况处理	

任务八 切片参数讨论及改进

[任务目标]

（1）熟悉硅片切割过程中的各参数设置。

（2）掌握各影响因素对切片过程的影响。

（3）掌握硅片的改进措施。

[任务描述]

硅片切割过程中，湿度、黏度、切割液、钢线等都会对切割效果产生影响。硅片占据了光伏电池的一半以上的成本，减少切片损耗及提高硅片质量至关重要。本项目主要讨论切片过程中的各因素，并提出改进措施。

[任务实施]

1. 认识多种切割工艺

目前硅片常规的切割方法，主要有内圆切割（ID saw）、多线切割（Wire saw）、低速走丝电火花切割（LSWEDM）。作为目前硅片切割主流技术的多线切割，多数被应用在工业生产规格适中的硅片。这三种方法切割硅片的性能对比如表 6-9 所示。

由上表可以看出，LSWEDM 方法在硅片最小切割厚度及翘曲方面具有较大的优势。但目前的 LSWEDM 研究均是针对较低电阻率进行的，很难在工业生产中实现。根据现在光伏电池片的市场行情，大规模低成本的工艺生产才能符合客户需要，故多线切割占国际市场的主导领域。

表 6-9 三种切割工艺性能对比

项目	Wire saw	ID saw	LSWEDM
切割原理	磨料研磨	金刚石沉积刀片	火花放电
表面结构	切痕	剥落	放电凹坑
损伤层厚度/μm	25～35	35～40	15～25
切割效率/(mm/min)	30～50(单片)	20～40	45～65
硅片最小厚度	250	350	250
适合硅片尺寸	300	200	200
硅片翘曲	轻微	严重	轻微
切割损耗/μm	150～210	300～500	280～290(丝径 250)

2. 多线切割工艺参数

多线切割过程中，根据不同的设备、不同的加工企业，工艺参数不同，但影响片厚和质量的因素基本相同，无外乎是槽距、线径、砂浆的密度、线速、切割距离等。本项目采用最常用的参数进行分析讨论：参数为 360μm 槽距的导轮，线径 120μm，总长度 450km 钢线，300μm/min 的台速，线速 13m/s，满载切割距离 170mm，片厚 200μm。

3. 切割工艺参数分析

(1) 碳化颗粒型号及粒度

硅片的切割其实是钢线带着碳化硅微粉在切，所以微粉的粒型及粒度是硅片表面的光洁程度和切割能力的关键。粒形规则，切出来的硅片表面就会光洁度很好；粒度分布均匀，就会提高硅片的切割能力。

(2) 钢线速度

由于 HCT 是属于双线走向型，所以在钢线速度上必须根据客户对线速的不同需求选择。双向走线时，钢线速度开始由零点沿一个方向用 2～3s 的时间加速到规定速度，运行一段时间后，再沿原方向慢慢降低到零点，在零点停顿 0.2s 后再慢慢地反向加速到规定的速度，再沿反方向慢慢降低到零点的周期切割过程。在双向切割的过程中，线切割机的切割能力在一定范围内随着钢线的速度提高而提高，但不能低于或超过砂浆的切割能力。如果低于砂浆的切割能力，就会出现线痕片甚至断线；反之，如果超出砂浆的切割能力，就可能导致砂浆流量跟不上，从而出现厚薄片甚至线痕片等。目前，HCT 级型可保持平均 13m/s 的线速。

(3) 钢线线径张力

① 钢线的张力是硅片切割工艺中相当核心的要素之一。张力控制不好是产生线痕片、崩边、甚至断线的重要原因。

② 开始布线时，在线网中会留有旧线与新线的线结。当线网中留有布线中的线结时，刚开始不能开启大于 13N 的张力。等跑线完成后，确认线结位置。将线结附近的钢线剪去，留下一个出线口的线直接绕在收线轮上。若张力过大，跑线结的同时容易被扯断。

③ 钢线的张力过小，将会导致钢线弯曲度增大，带砂能力下降，切割能力降低，从而出现线痕片等。钢线张力过大，悬浮在钢线上的碳化硅微粉就会难以进入锯缝，切割效

率降低，出现线痕片等，并且断线的概率很大。

（4）切割液的黏度

由于在整个切割过程中，碳化硅微粉是悬浮在切割液上而通过钢线进行切割的，所以切割液主要起悬浮和冷却的作用。

① 切割液的黏度是碳化硅微粉悬浮的重要保证。由于不同的机器开发设计的系统思维不同，因而对砂浆的黏度也不同，即要求切割液的黏度也有不同。例如，瑞士线切割机要求切割液的黏度不低于55，而NTC要求22～25，安永则低至18，只有符合机器要求的切割标准的黏度，才能在切割的过程中保证碳化硅微粉的均匀悬浮分布以及砂浆稳定地通过砂浆管道随钢线进入切割区。

② 由于带着砂浆的钢线在切割硅料的过程中，会因为摩擦产生高温，所以切割液的黏度又对冷却起着重要作用。如果黏度不达标，就会导致切割液的流动性差，不能将温度降下来而造成灼伤片或者出现断线，因此切割液的黏度又确保了整个过程的温度控制。

③ 线切割机对硅片切割能力的强弱，与砂浆的黏度有着不可分割的关系。而砂浆的黏度又取决于硅片切割液的黏度、硅片切割液与碳化硅微粉的适配性、硅片切割液与碳化硅微粉的配比比例、砂浆密度等。

（5）切割液的流量

砂浆在钢线高速运动中，要完成对硅料的切割，必须由砂浆泵将砂浆从储料箱中打到喷砂嘴，再由喷砂嘴喷到钢线上。砂浆的流量是否均匀、流量能否达到切割的要求，都对切割能力和切割效率起着很关键的作用。如果流量跟不上，就会出现切割能力严重下降，导致线痕片、断线，甚至是机器报警。

（6）工艺中其他的影响良品率因素和解决方法

① 导轮。导轮上一旦出现杂质，就会在线网中引起跳线、断线，所以在布线前一定要用气枪吹干净导轮表面。若布线完成后没开砂浆时检查发现有跳线，检查是否有杂质或导轮是否有损坏，进一步排除问题。若开砂浆后的热机过程中发现跳线，检查回流缸中的过滤网是否损坏或没有及时清洗。

② 滑轮。滑轮切割前一定得检查好，最好切完两次就换滑轮。若检查时发现有切透的滑轮，应及时更换。检查滑轮处的轴承是否松动、滑轮的凹槽是否有杂质或砂子，一旦发现立即更换。

③ 设备清洗。切割室的过滤网、上下层的浆料喷嘴、回流缸中的过滤网都需要在切割完成后及时清洗，清除那些掉下来的碎硅片，除去过滤的杂质。清洗后一定要吹干，因为水会和浆料反应，使浆料会变硬，变成一些硬的小颗粒，影响切割质量，甚至引起断线事故。

④ 硅块及托板检查。切割前一定要对硅块表面和托板进行检查，去除硅块表面的粘胶和污垢（硅块上有多余粘胶的地方最好用刀片刮去），保证无杂质后，检查托板中凹槽内是否堵塞。一切正常后方可上硅块。

⑤ 切割中冷却水不足或气压不足引起报警时，除了开启补水装置或加压装置外，对于切割中的浆料供给也要先打开，保证钢线上的浆料密度。

⑥ 停机事故排除后，不要立即去开启切割。先让切割线低速走几秒，再开始切割。

4. 改进措施

多线切割机所采用的技术可以概括为以下几个方面。

① 高精度三轴或四轴排线导轮驱动装置技术。

② 线丝张紧力自动控制系统技术　线丝张紧力保持一定张力，是保证切割表面质量的主要因素。

③ 切割进给伺服系统　配合线丝张力自动控制系统的作用，保证在不断丝条件下实现切割的高效性。

④ 排线导轮的制造、翻新及耐用度技术。

⑤ 磨料的混合供给及分离技术　旨在提高磨料的使用寿命，降低生产成本。

⑥ 自动排线功能　以节约人工手动布线的时间，减小布线错误，降低劳动强度，提高切割效率。

以上技术的采用，力求优化工艺参数，使线切割机以合理的结构设计、较高的运动及位置精度、有效的控制及监控功能、较大的适应性，来实现较高的切割效率和效益。

[任务小结]

序号	学习要点	收获与体会
1	提高硅片质量的途径	
2	硅片异常情况处理	

项目七

硅片清洗工艺

[项目目标]

（1）掌握硅片清洗操作工艺流程。

（2）掌握硅片清洗工艺控制要点。

（3）掌握清洗工艺的设备维护与保养。

[项目描述]

硅片清洗的主要目的是将硅块切割后，通过预清洗、脱胶、插片、清洗、甩干等工艺，将硅片表面的浆料、杂质等清洗干净。本项目的目的是学习硅片清洗的完整操作要点、控制因素，并能对清洗设备进行维护与保养。

任务一　作业准备

[任务目标]

（1）认识清洗工艺过程中的所有设备及药品。

（2）掌握常见的准备工作。

[任务描述]

硅片清洗工艺中，涉及到预清洗、脱胶、插片、清洗、甩干5道工序，这些工艺操作过程中需要的设备、工具较多。本任务学习硅片清洗工艺的作业准备。

[任务实施]

1. 作业准备

① 作业人员需穿上工作服、劳保鞋，戴上口罩、手套，系上围裙。

② 清洗工艺过程中需要用到的设备　预清洗机、脱胶机、清洗机、甩干机。

③ 清洗工艺过程中需要用到的工具　疏导针、金属棒、扳手、挂篮、海绵、周转箱、花篮盒、标识卡、称重天平、量杯。

④ 清洗工艺过程中需要用到的试剂　清洗剂、柠檬酸。

⑤ 检查预冲洗槽、脱胶槽、周转箱、插片池、清洗机、甩干机内碎片是否清理干净。

⑥ 对预清洗机、脱胶机、清洗机和甩干机进行开机点检，检查各项功能、参数是否正常，并做好记录。

2. 清洗过程中的设施设备

预清洗机、脱胶机、清洗机、甩干机等设备及工具分别如图 7-1 至图 7-7 所示。

图 7-1　预清洗机

图 7-2　脱胶机（正在脱胶）

图 7-3　槽清洗机（外形）

图 7-4　甩干机（外形）

图 7-5　周转箱及隔板

图 7-6 花篮盒

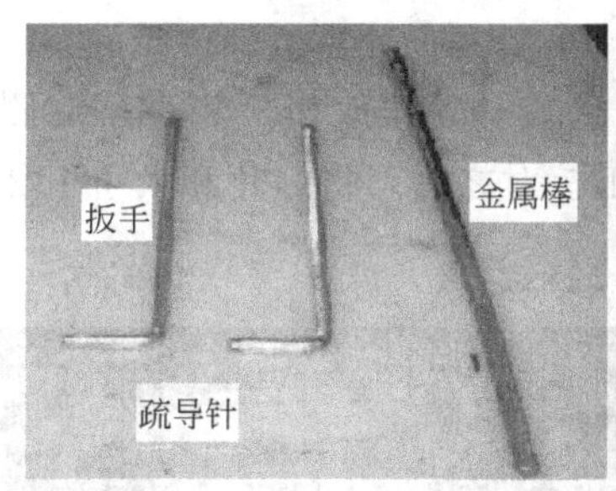

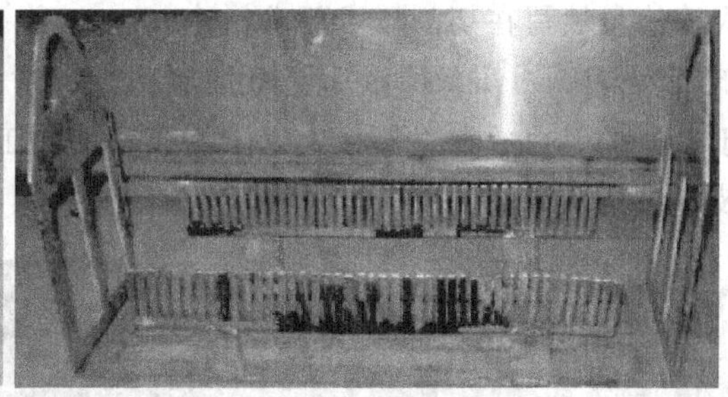

图 7-7 金属棒及挂篮

[任务小结]

序号	学习要点	收获与体会
1	掌握作业准备工作	
2	熟悉常用的清洗设备	

任务二 硅片预清洗

[任务目标]

(1) 掌握预清洗操作工艺流程。

(2) 掌握预清洗操作工艺要点。

[任务描述]

刚在切割机上切割完毕的硅块，上面有很多的切割液、泥浆，对硅片的预清洗至关重要。本任务学习硅片预清洗的操作工艺。

[任务实施]

预清洗根据硅块粘胶过程中所使用的胶不同有所差异，一种是将硅块放置在预清洗工作台上，另外一种是将硅块平稳地放在预清洗机水槽中。本任务将对放置在预清洗工作台上的进行重点介绍，日本胶水粘的硅块常用第一种方法进行预清洗。

1. 预清洗准备

打开水压开关，检查预清洗喷管喷嘴水流是否畅通。如有堵塞，用疏导针将其疏通，然后关闭水压阀等待下棒。预清洗机设备如图 7-1 所示。

2. 与线切交接

① 核对碎片数目及异常情况，确认工艺单已填写完整，完成与线切的交接。

注意：交接过程中，线切人员需要将切割机台号、安装位置、切割刀号、掉片、掉残及操作人等信息填写在切割技术要求栏中。

② 碎片处理　线切下棒以后，将抽屉中的碎片分类，碎片放在工装小车的侧面，好片和大于 1/2 的碎片放在工件板上，清洗车间的员工核对之后，将好片和大于 1/2 的碎片放进工装内进行预清洗脱胶，如图 7-8 所示。

图 7-8　碎片处理

3. 填写硅块随工单

与线切交接完毕后，填写硅块随工单，写明硅块的晶体编号和长度，放在对应的工件板上，如图 7-9 所示。

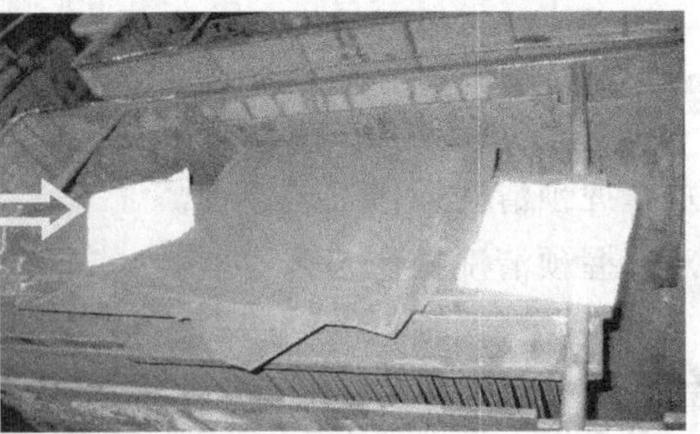

图 7-9　随工单的填写

4. 抬棒

填写完毕后，将切好的硅块平稳地放在预清洗机中，确保硅块不晃动、不倾斜。具体操作工艺如图 7-10 至图 7-12 所示。

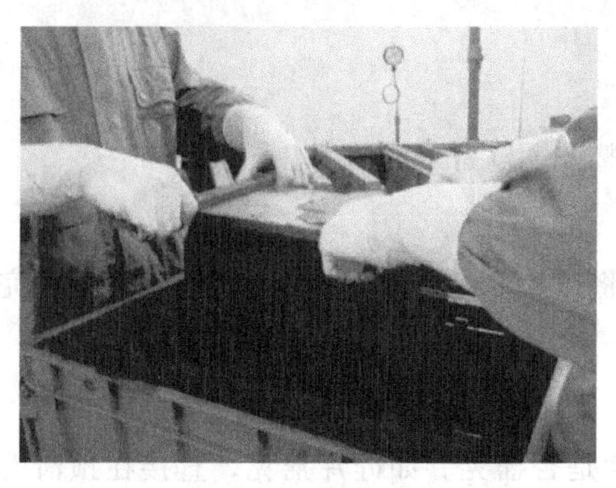

图 7-10　从 PP 片盒中取出切好的硅块

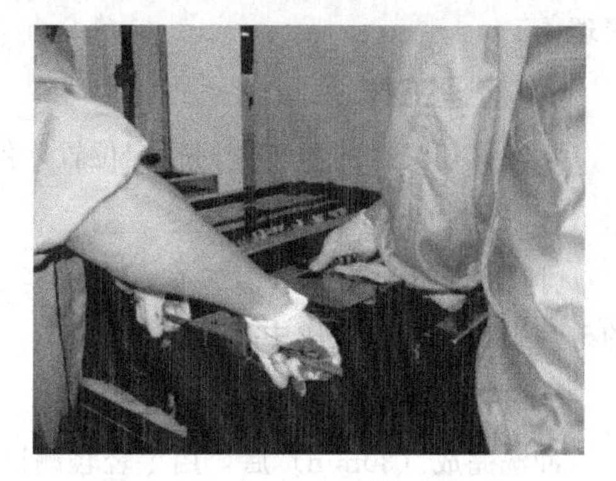

图 7-11　将硅块移至预清洗装置

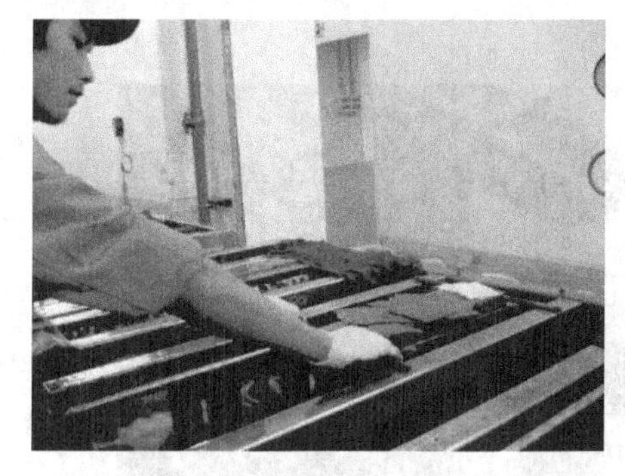

图 7-12　将硅块推入预清洗装置

图 7-13　预清洗设备底部垫的海绵

5. 检查工作

检查水压是否在设定范围内，水压要求一般不低于 0.08MPa。检查预清洗设备底下是否垫海绵，如图 7-13 所示，以防预清洗过程中掉下的硅片出现破碎。

6. 预清洗

打开预清洗水阀，将喷水位置调至硅块与工件板粘接处，开始预清洗，同时清洗硅块的碎片，如图 7-14 所示。

图 7-14　调整喷水位置

对于 1 刀切割的硅片与 2 刀切割的硅片工艺要求有所不同，一般而言，冲 1 刀棒，阀门开到 45°，冲 2 刀以上，阀门开到底。

预清洗的过程中，预清洗工作人员应经常检查水管的喷水情况，如有堵塞，需及时清理。

7. 整理工作

将与线切交接的小车放回指定位置，停放整齐，以备下次使用。

8. 掉片处理

冲洗过程中，如有掉片现象，员工要及时将掉片取出，并将碎片放进碎片盒中，完整的硅片则放入柠檬酸槽中。

9. 冲洗完成

冲洗完成（30min）后，用手轻轻测试硅片是否摇晃。如硅片摇晃，直接在预清洗装置中脱胶。具体操作过程中，双手托住约 10mm 左右硅片前后轻轻摇晃直至胶水脱落，然后放入柠檬酸槽，如图 7-15 所示。

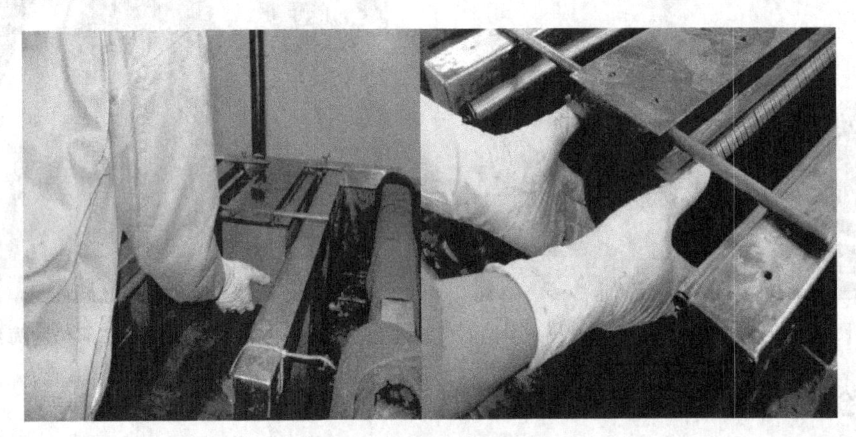

图 7-15 预清洗脱胶

10. 硅块取出

预清洗结束后，关闭水压阀，将硅块从预清洗工作台中拉出，将金属棒插入工件板两端的小孔中，由两名预清洗员双手紧握金属棒，将晶棒翻转 180°，然后将其平稳地放入挂篮中，等待脱胶。翻转时两人要互相配合，动作协调一致，如图 7-16 所示。

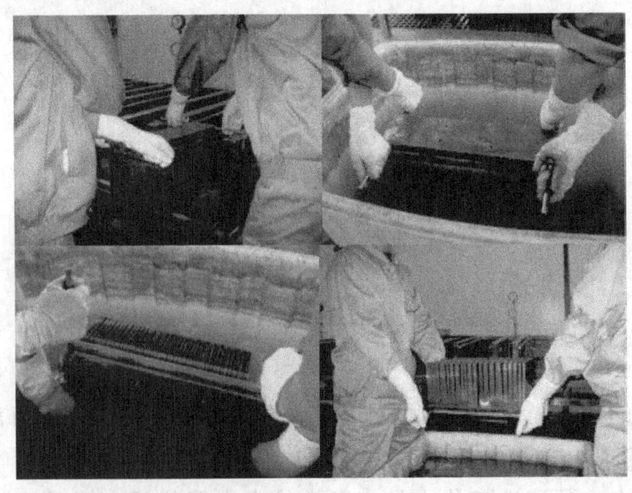

图 7-16 取出硅块

11. 送往脱胶台

硅块取出后，则送往脱胶台。在送往脱胶台的途中，硅块需水平放置。对没有采用挂篮的输送过程中，需两手的大拇指轻靠硅片，防止硅片倾倒，如图 7-17 所示。

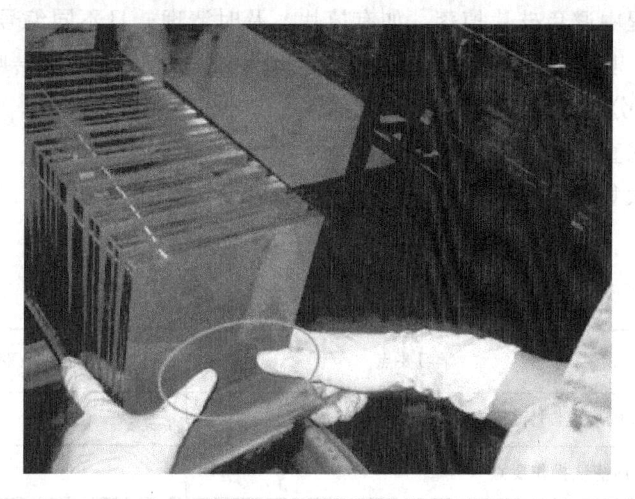

图 7-17　送往脱胶台

12. 水槽预清洗

水槽中预清洗与上述清洗工艺大同小异，美国胶水粘的硅块常用这种方法清洗。具体的不同点如下。

① 打开预清洗机仓门，将切好的硅块平稳地放在预清洗机水槽中，确保硅块不晃动、不倾斜，关闭预清洗机仓门。

② 打开预冲洗机电源，按照工艺参数设定清洗时间 600s，水温 15～25℃，慢慢开启水阀，启动清洗程序按钮。预清洗自动完成后，关闭水阀和预清洗机电源。

③ 打开预清洗仓门，轻轻取出硅块，慢慢将其放入手工复洗槽中，进行手工复洗。打开安装有软管的水龙头，调节水压至（0.25±0.05）MPa，水温 15～25℃，用手扶住硅片上侧，首先冲洗硅块的侧面，然后在硅片正上方移动进行冲洗。水龙头与硅片要保持 3～5mm，且水龙头一定要与硅块垂直。最后冲洗硅块的另一个侧面，并用海绵不断擦拭粘胶面倒角处流出的污水。如此循环往复冲洗，直至没有污水流出，如图 7-18 所示。

④ 如在未预冲洗彻底的情况下硅片已自然倒伏，应将硅片顺着自然倒伏的方向将硅

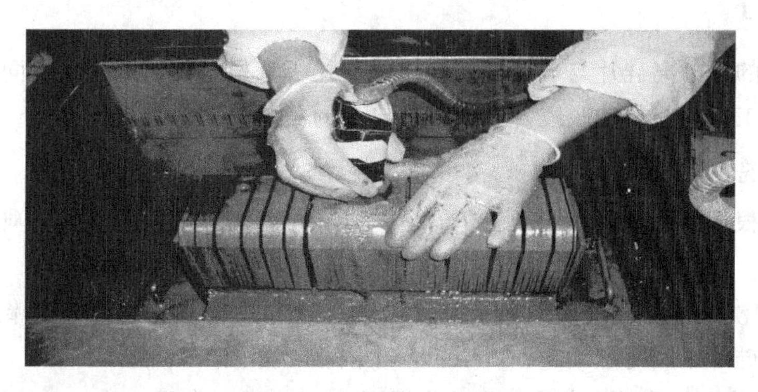

图 7-18　预清洗手工复洗

片取下，进行脱胶前的手工复洗。手工复洗水温为15～25℃。

13. 预清洗注意事项

① 将硅块放到预冲洗工作台时，避免碰撞固定喷管的挂钩，将硅块划伤。

② 预冲洗过程中避免硅片掉落。如有掉片，及时清理，且不同编号的掉片不能混淆。若掉片超过20片，则停止预冲洗，直接脱胶。预冲洗过程要不断旋转喷管，使得硅片各个方向都能得到充分冲洗。

③ 预冲洗要求直至无污水流出为止。

④ 如果下棒太集中，可以采取临时补救措施，暂放在切割液中。

[任务小结]

序号	学习要点	收获与体会
1	预清洗工艺流程	
2	预清洗操作要点	

任务三　硅片脱胶

[任务目标]

(1) 掌握脱胶工艺操作流程。

(2) 掌握脱胶工艺操作要点。

[任务描述]

脱胶是清洗工艺的重中之重。若脱胶不当，会造成大量的硅片破碎。如何将硅片从玻璃上脱离显得尤为重要。本任务学习硅片的脱胶操作工艺。

[任务实施]

脱胶的目的是分离硅片与玻璃板、玻璃板与托板。根据使用的胶水不同，脱胶工艺有所不同，有手工脱胶与自动脱胶。本任务以典型的美国与日本胶进行介绍。

1. 手工脱胶

手工脱胶根据胶水不同，脱胶工艺有所差异。对美国胶粘胶的硅块，典型的手工脱胶工艺如下。

① 将预清洗完毕的硅块放入温水脱胶槽中(58±3)℃，两端及拼接棒之间各放一个隔板，其次在硅片之间每隔30～50mm插一个隔板，如图7-19所示。

② 打开安装有软管的水龙头，调节水温至35～40℃，水压0.1～0.3 MPa，将硅块冲

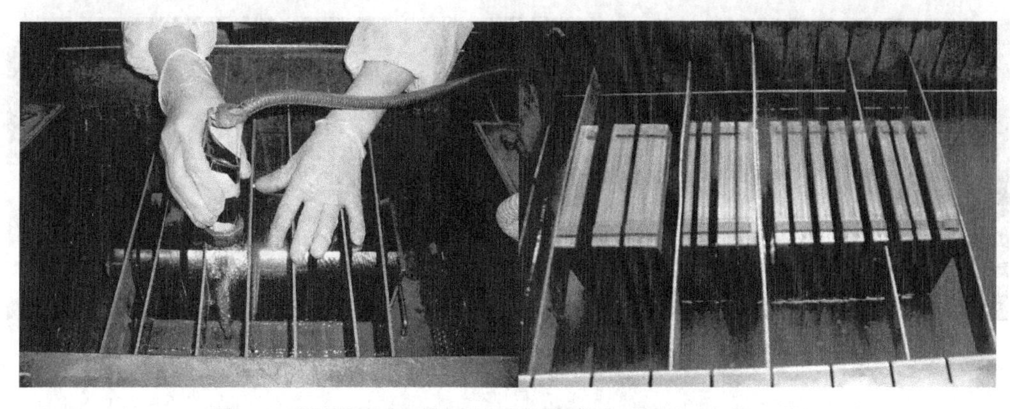

图 7-19　用隔板隔开的单晶及多晶硅片

洗至没有污水流出，然后逐渐升温至 50～55℃恒温。

③ 用百洁布擦拭硅片表面的树脂条。擦拭树脂条时，一手扶住硅片一端，另一手擦拭，如图 7-20 所示。

④ 用 50～55℃热水将硅片表面喷淋一遍，然后将安装有软管的水龙头置于硅块上方 3～5mm，从左至右反复喷淋或不断浇水，以保持硅片湿润，直至硅片底部胶软化，自然伏倒，如图 7-21 所示。一定要等硅片自然倒下时方可脱胶，不能用手去推，以防硅片崩边。

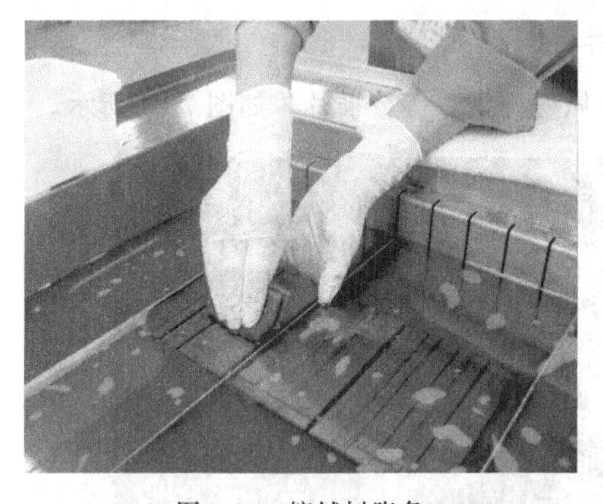

图 7-20　擦拭树脂条

图 7-21　胶软化后的硅片

⑤ 调节水温至 35～40℃，继续在硅片上方进行喷淋，使硅片缓慢降温。

⑥ 双手握住硅片两侧，顺着硅片自然伏倒的方向将硅片取下，使之与玻璃板脱离，每次取不超过 50mm 左右的硅片放在毛巾上，翻转至胶合（或“接”）面，用百洁布擦掉硅片表面的胶水，如图 7-22 所示，遇到比较难擦的胶水时需及时浇水，防止硅片表面干掉。

⑦ 双手托住取下的硅片，并将硅片上部打开类似扇形，用 35～40℃的温水冲洗。旋转硅片，使 4 个面特别是粘胶面都要得到充分冲洗，如图 7-23 所示。

⑧ 将再次冲洗好的硅片置于盛有 50～55℃温水的插片周转箱中，水位高于硅片 10mm，硅片和周转箱侧面之间要垫上海绵，且硅片要以 15°（硅片与周转箱侧面夹角）夹角倾斜靠在海绵上，浸泡 10min 后，将硅片粘胶面残留的胶带取下，放入指定垃圾盒内，并用海绵将硅片擦洗干净，完整的硅片放在柠檬酸槽中。放置硅片时，应沿着柠檬酸

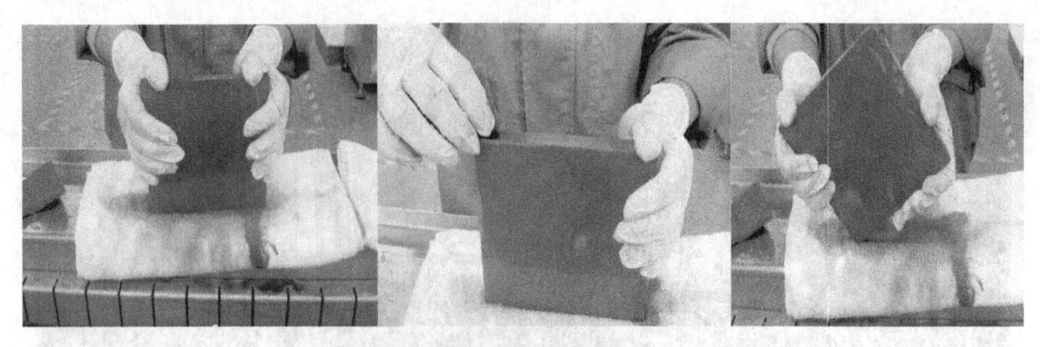

图 7-22 擦拭硅片表面的胶水

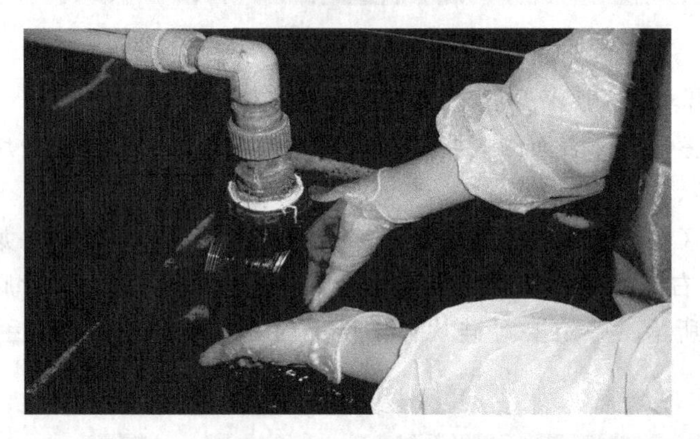

图 7-23 冲洗硅片

槽内的斜面小心轻放。碎片放在碎片盒中，并做好标识，等待插片，如图 7-24 所示。

图 7-24 脱胶完毕的硅片与碎片

⑨ 将硅块随工单对应硅片，放在柠檬酸槽上。将碎片盒放在小车上，碎片盒与硅块一一对应，如图 7-25 所示。

⑩ 将脱胶槽中的不锈钢条和工件板取出，放回指定位置，毛巾和百洁布也放置整齐，如图 7-26 所示。

对于日本胶水粘胶的硅块，手动脱胶工艺如下。

① 预清洗完毕的硅块，两端及拼接棒之间各放一个隔板，其次在硅片之间每隔 30～50mm 插一个隔板。

② 用海绵轻轻将硅块表面的 PVC 树脂条擦掉，放入指定垃圾盒内。

③ 打开安装有软管的水龙头，调节水温至 35～40℃。在硅片上方 3～5mm 处从左至

图 7-25　硅片与硅块一一对应

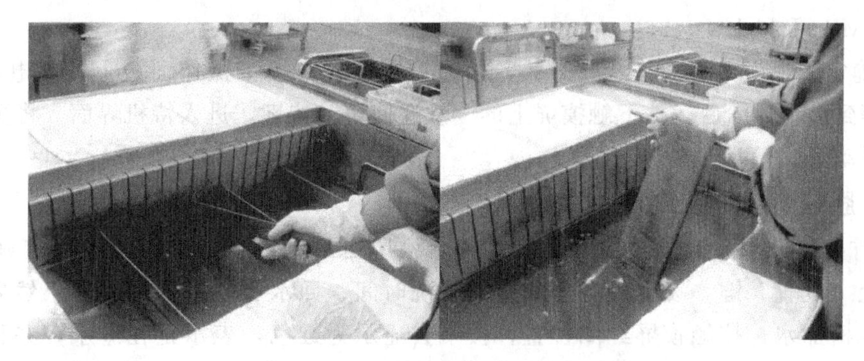

图 7-26　钢条等辅助工具的整理

右反复喷淋，直至无污水流出。

④ 逐渐升温至 50～55℃（6″、6½″单晶、8″单晶）、60～65℃（8″多晶）恒温。

⑤ 放 50～55℃（6″、6½″单晶、8″单晶）、60～65℃（8″多晶）热水于脱胶槽中至硅块粘胶面上方 10mm 处，浸泡硅片，并喷淋硅片表面，保持表面湿润，直至底部的胶完全软化，硅片自然伏倒。

⑥ 双手握住硅片两侧，顺着硅片自然伏倒的方向将硅片取下，使之与玻璃板脱离。每次取片的厚度不超过 5mm。

⑦ 将取下的硅片粘胶面向上竖直放到铺平的毛巾上，将表面胶条轻轻撕掉，放入指定垃圾盒内。残留胶印用海绵处理干净。如图 7-27 所示。

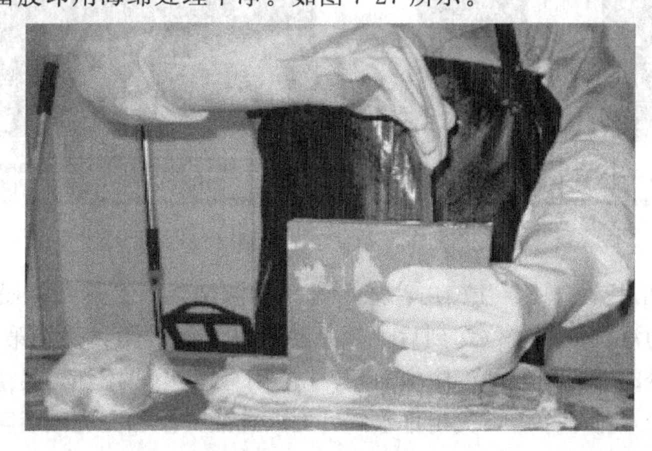

图 7-27　清理余胶

⑧ 将硅片盛放在水质清澈的周转箱中，水位高于硅片 10mm，硅片和周转箱之间要垫上海绵，且硅片要以 15°（硅片与周转箱侧面夹角）倾斜靠在海绵上，做好标识，等待插片。

2. 自动脱胶

自动脱胶根据脱胶机不同，工艺有所区别，下面以典型的 T1、T2 脱胶机进行介绍。两种脱胶机的操作工艺大同小异，具体脱胶工艺如下。

（1）开机

① 检查电源连接是否完好，各阀门是否处于正常状态，管道连接是否紧密，各润滑部件润滑程度。检查气源是否到位、充足。气源保证在 0.5MPa 以上，水压是否足够，保证在 0.2MPa 及以上。

② 确定无误后，打开总电源开关，接通控制电源，按下操作面板上的“电源启动”按键，等到启动界面后，按下触摸屏上的“欢迎使用”按键，进入待机界面，将操作面板切换到手动模式。

（2）脱胶前的准备工作

① 首先打开电源开关，按照工艺将各个槽所需的温度在操作面板上设定好。按下触摸屏上“设置”键，设定好各个槽所需清洗时间、回水和进水延迟时间，然后给第 3 槽和第 4 槽加水，按触摸屏红圈位置，按下去显示为红色，表示正在进水，并且打开 3 号和 4 号槽的加热按钮。时间及温度设定都由工艺员设定，严禁随意修改，如图 7-28 所示。

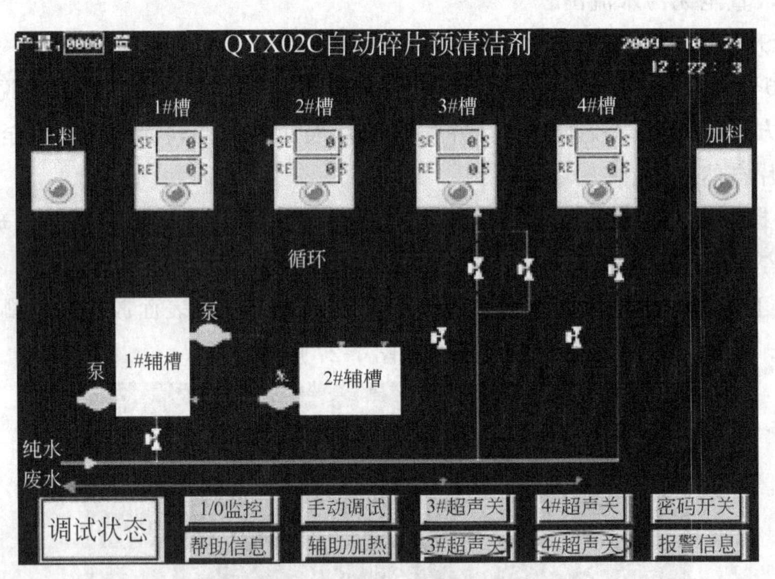

图 7-28 清洗工艺控制面板

② 将按钮调在手动选项，往槽内注入所选用的清洗液，且达到能浸没振板的最顶部及被清洗的工件的液位。等液位达到后，须手动将进水阀关闭，并在第四槽加 50%浓度的乳酸。添加乳酸时，必须佩戴好防护面具，防护手套，小心添加，足量添加。每次添加乳酸时，先将槽内水排干净后，关闭排水阀，倒入乳酸，添加完乳酸后再注入清水，防止不必要的浪费。具体的脱胶工艺参数如表 7-1 所示。

表 7-1 自动脱胶工艺参数

参数		一槽	二槽	三槽	四槽
单晶	时间	320s	320s	320s	320s
	温度	—	—	50℃±5℃ （辅液槽）	68℃±5℃
多晶	时间	320s	320s	320s	350s
	温度	—	—	50℃±5℃ （辅液槽）	75℃±5℃

③ 按下操作屏上“复位”键，将机械臂调整到原位状态，机械臂、各槽门等都自动回到原位状态，如行走原位、升降原位、行走脱钩位。

④ 液剂等都添加好后，按下触摸屏的“超声加热”按键，将各个槽的加热按钮按下，等待加热，打开两酸槽的超声功能，使酸液与水充分融合。每次添加乳酸，要在使用前半小时完成。

注意：配置的过程中，防止自动运行时水温不够，先手动将各槽位水温升高。

⑤ 在检查完设备和状态一切正常后，可转入自动状态。将操作开关打到自动状态，按下工装强制键，确认工装后，按下屏幕上确认工装键，再按下操作开关的自动启动键，自动启动键亮绿灯，显示设备转入全自动状态。

⑥ 每班在上班前，将所有水槽内水更换。在尽量不影响生产的情况下，逐次排放各槽清洗液、清洗剂等。

⑦ 记录好每次硅片清洗脱胶数量，达到要求刀数后，须彻底更换所有槽液。

(3) 进料

① 将预清洗完毕的硅片用小车送来后，两个人将硅块抬到工装架上，收取随工单，查验碎片数量，做好硅块的随工记录。

② 用“隔板”从硅片架的横梁底部将卡片插入硅片缝隙（硅片间大致间隔 4～8cm）。将卡片凹型端插在横梁上固定好后，另一段卡槽架在横梁上。首先拿取一片隔板，在硅片两端面处插入隔条，以一边为基准，大概 5～8cm 处找出一处分隔处，插入隔条，不得少于 5cm，如图 7-29 所示。操作过程中注意卡片不要倾斜，要竖直插进硅片的缝隙中，严禁用手拨动硅片。

图 7-29 隔板隔开硅片

③ 如果送来棒为拼接棒，首先在拼接棒的两棒粘胶处搁置一个颜色不同或易于分别的“隔板”，做好硅块的分辨。

④ 隔完以后，将工装架放置在脱胶机专用车上，然后推进自动脱胶机里面，将插好隔条的硅块小车检查无误后，推入脱胶机的入料口卡槽处，锁上门栓，如图 7-30 所示。工装到位灯闪烁，机械臂自动过来抓取工装，小车推入后夹紧汽缸将小车自动夹紧。当单臂小车将工装吊走后加紧汽缸松开，操作者才可将小车拖出。

图 7-30 硅片送入入料口

⑤ 当有工件在脱胶机内脱胶时，下料口处必须放置下料车。

⑥ 脱胶时要做好记录，随时注意脱胶情况。发生意外时，按下急停键，报告班长，严禁自行解决，盲目操作。

(4) 下料

① 等待设备自动运行，一共加工 5 个槽。硅块下料时，操作人员需站在设备旁，检查胶水是否脱干净。如果脱干净了，选择触摸屏“直接出料”选项，将硅块送出；如果没有脱干净，则按“重新脱胶”，继续返回脱胶，如图 7-31 所示。

图 7-31 脱胶工艺运行状况

② 机械臂将脱胶完的工件抓取到下料处后，取出工件板，如图 7-32 所示，轻轻擦拭硅片粘胶面胶水，如图 7-33 所示，然后取出隔在其中的铁片，并及时将小车推走。推走一小车后，应马上推入新的下料车。

图 7-32　取出工件板及铁片

图 7-33　擦拭硅片粘胶面胶水

③ 下料车推出后，两人缓慢将工件垂直提起。注意还有无硅片粘连在工件上，若无硅片粘连，要快速移开工件，放置于集中放置处；若有硅片粘连，须小心将片子揪下，竖直方向用力，拿取硅片两边，小心硅片的损坏。取下后，做好相关记录，如碎片数量，脱胶情况等。

工件全部拿开后，从隔板的分层处小心将硅片取出，放入硅片放置槽内，硅片粘胶面朝上。

④ 拿取硅片时，将手伸到硅片底部，摸到底部后，慢慢托起，另一只手扶着硅片顶部，缓慢拿取，拿取时双手呈对角式。拿出适量后，放置在擦胶台橡胶垫上进一步进行脱胶作业。使用“百洁布”蘸少量酒精，小心地将粘胶面剩余的胶拭去。擦拭时，一手抓紧硅片，另一手按同一方向擦拭。擦胶台上有碎片时，必须及时处理。拿取与放置硅片时要注意小心拿放，如图 7-34 所示。

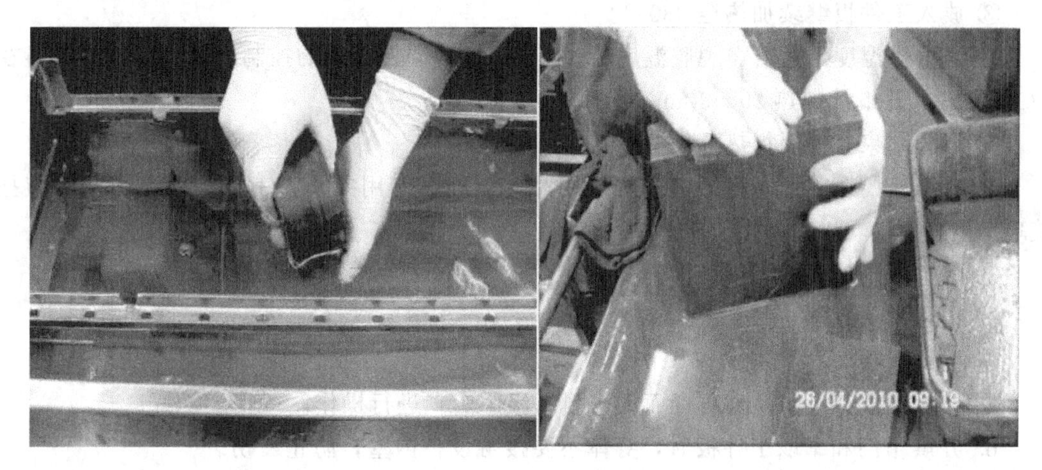

图 7-34　拿取及擦拭硅片

⑤ 全部取出之后，关闭开门按钮，将水槽送回原处，等待下一硅块继续脱胶。

⑥ 将残留在硅片上的胶体擦拭干净后，将硅片送去插片处，按要求填写好工艺单，填写冲洗时间、完成时间、损失片数、掉片缺角、掉片裂纹、操作人等详细信息并放在小车上，然后将小车送至插片台。

(5) 关机

① 检查纯水、压缩空气、市水压力、排风压力是否正常。

② 检查空气开关、电路接触、保险丝、换能器工作是否正常。

③ 检查传动系统有无卡住现象。

④ 检查管路有无渗漏、滴液现象。

⑤ 依次关闭各槽的加热系统、机械臂运行系统、气源、电源按钮和总开关。

(6) 注意事项

① 严禁无液强制开启超声波及加热管，清洗槽内必须放入清洗液。

② 更换清洗液时，应注意与新添的清洗液的温差不超过40℃。

③ 开启电源时，应注意检查电控柜内轴流风机是否运转。如不运转，应立即停机，以免超声波发生器线路板因升温过高而造成损伤。

④ 生产过程中，操作者应随时注意各槽的液位是否正常，上下料是否及时，机械臂是否运行正常，严禁随意按下“急停”钮。

⑤ 在运行过程中，自动转手动控制可在任何位置进行，手动转自动必须在原位进行，否则无效。

⑥ 手动操作，关闭各槽门时，要注意槽边是否有人。

3. 分离托板与玻璃板

脱胶以后，需要将玻璃与托板分离，脱胶后要把托板放进烤箱中至少加热到280℃，等胶熔化变软后关掉电源，去除托板残余玻璃。具体的脱胶操作流程如下。

① 接通电源，关闭新风补偿口（位于烘箱一侧底部位置，配有不锈钢风顶，可调节风口进风量大小），打开设备排风。

② 预加热并升温至所需温度。

③ 放入工件板继续加热至280℃。

④ 当烘箱温度到达所需脱胶温度后，在AI智能温控仪表的控制下将温度范围维持在280℃左右，并继续加热20～30min左右即可。

⑤ 烘烤结束，关闭加热开关。

⑥ 打开箱门，戴上高温手套和防护用品，用配套专用夹具将工件板取出，用铲刀把玻璃铲下来。

⑦ 将铲下的玻璃装到废箱内。

⑧ 记录相关数据。

⑨ 注意事项

a. 必须佩戴劳保用品（防毒面罩，耐高温手套）进行操作。

b. 开烘箱门和拿取工件板时，身体不要接触设备内壁，防止烫伤。

c. 脱玻璃板时面部尽量远离操作区域，注意玻璃碴飞溅伤眼。

d. 现场严禁放置易燃易爆物品。

e. 打开窗户保持室内通风流畅，设备排风在整个操作过程中不能关闭。

f. 托板取出时，地板下面须垫木板，以免托板与地面直接撞击，造成托板变形。

g. 脱胶时，要用橡胶锤或木锤等质地较软的锤子敲打玻璃或托板，不能用铁锤敲，以免托板被敲变形。

h. 用热水浸泡（喷淋）脱胶时，若硅片在25min内不能自然伏倒，延长时间5min后将硅片取下。

i. 硅片在插片池及周转箱中水位要浸没硅片，浸泡时间最多不超过1h。

j. 交接班禁止留棒给下一个班。

[任务小结]

序号	学习要点	收获与体会
1	脱胶工艺流程	
2	脱胶操作要点	
3	脱胶注意事项	

任务四　硅片插片

[任务目标]

（1）掌握插片操作工艺流程。

（2）掌握插片操作工艺要点。

[任务描述]

插片是将脱胶完毕的硅片插入到花篮中，便于下一步的清洗作业。本任务是学习各类插片的操作工艺。

[任务实施]

插片有手动插片和自动插片，具体的操作工艺分别如下。

1. 手动插片

① 准备工作：里面戴PVC手套，外面戴汗布手套。将空的硅片盒整齐堆放在插片台，摆放高度不得超过3个片盒。

② 花篮盒放入插片槽内摆放整齐，如图7-35所示，检查设备进水阀门是否打开，然后向槽内注入清水至淹没花篮盒（花篮盒底部垫上海绵）顶部为止，将水位保持在硅片盒高度。

③ 核对硅块随工单与工艺单的晶体编号，确认无误后将工艺单放在插片台的板夹上，如图7-36所示。

④ 双手握住硅片两侧，取出硅片厚度5～10mm，约25～30片硅片，如图7-37所示。插片时用左手掌心及三指托住硅片，使硅片保持水平，大拇指和小指轻靠硅片另一侧，用

图 7-35 插片槽中摆放整齐的花篮盒

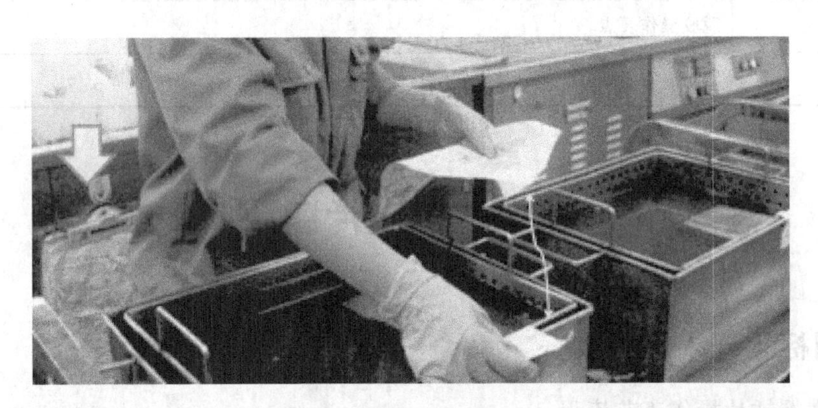

图 7-36 确认插片随工单

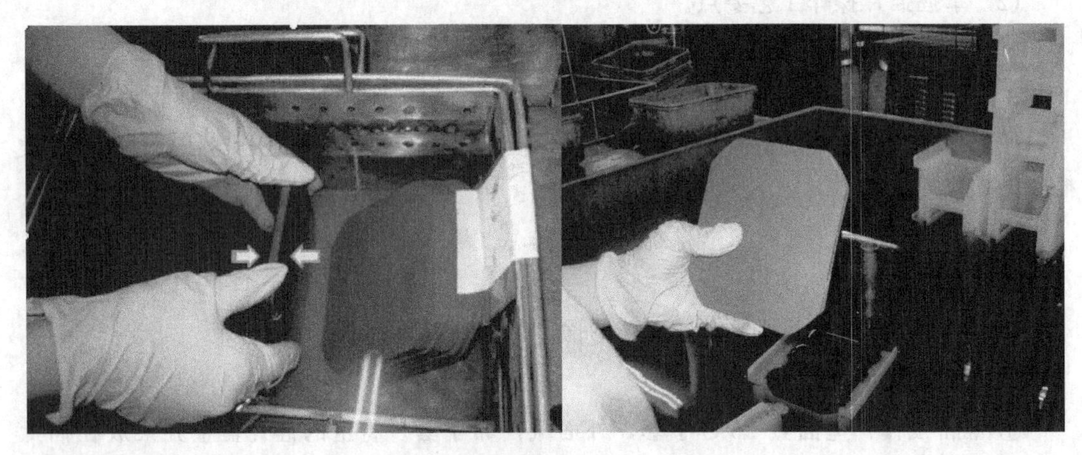

图 7-37 取片

大拇指将硅片一张张分开，右手沿水平方向轻轻抽出一张硅片，拇指和中指拿住粘胶棱的两侧面，食指靠住带胶棱的正中位置作为辅助，将硅片垂直插入片盒内。待硅片刚好与片盒底部接触时松手，不允许硅片自然下落与片盒发生撞击。插片力度不能过大，防止造成硅片崩边、缺角或破碎，如图 7-38 所示。

⑤ 将碎片盒中大于 1/2 的碎片取出，将相对完整的一面插入片盒中，如图 7-39 所示。

⑥ 插完后清点数量，填写工艺单上面的实收片数、实收残次片数及插片损失，并交由清洗人员核实，最后将小车推至脱胶台。

图 7-38　插片操作过程

图 7-39　碎片的插片

⑦ 注意事项

a. 插片过程中，片盒需摆放整齐。

b. 每盒插 25 片，不能多插、少插或斜插。

c. 不同编号的硅块要严格区分并做好标识，同一编号的硅块剩余不足 25 片的单独插一盒，不可与其他编号的硅片混插，做到一个硅块只有一个良品尾数。

d. 将同一编号硅块的崩边、缺角、穿孔片等不良品单独插在一起，做到一个硅块只有一个不良品尾数。

e. 每插 5000 片更换一次插片槽内的水，并及时清理插片槽内的碎硅片。

2. 自动插片

① 检查电源连接是否完好，各阀门是否处于正常状态，管道连接是否紧密，各润滑部件润滑程度是否良好，气源是否到位、充足。

② 待确定无误后，接通总电源开关和控制电源，按下操作面板下的电源启动按键，等到启动界面后，在触摸屏上点击“进入系统”，键盘输入相应密码，再点击相应用户，进入系统画面，按“加热开”、“水泵开”，如图 7-40 所示。

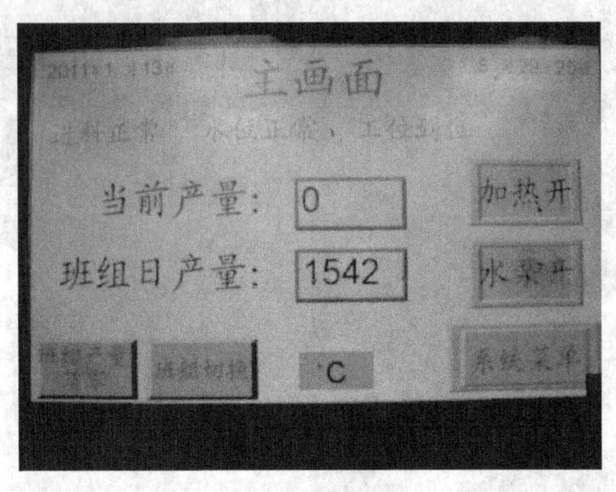

图 7-40　系统画面

③ 待水位正常后，点击屏幕上“水泵开”，打开水泵，使用各阀门调节水流大小，调节正常后，待水流稳定。

④ 先从柠檬酸小车中取出适量脱胶完的硅片。硅片取出时以硅片的对角位置拿取，拿取时注意垂直上下拿取。拿起后小心放入自动插片机水槽中，放置时注意粘胶面朝上。

⑤ 装片盒时，将片盒双手装入工位内，如图 7-41 所示。如果出现硅片没有完全插入或碎片时，可按“UP”键（上行），将碎片处理后，再按“DOWN”（下行）键，然后继续插片，如图 7-42 所示。

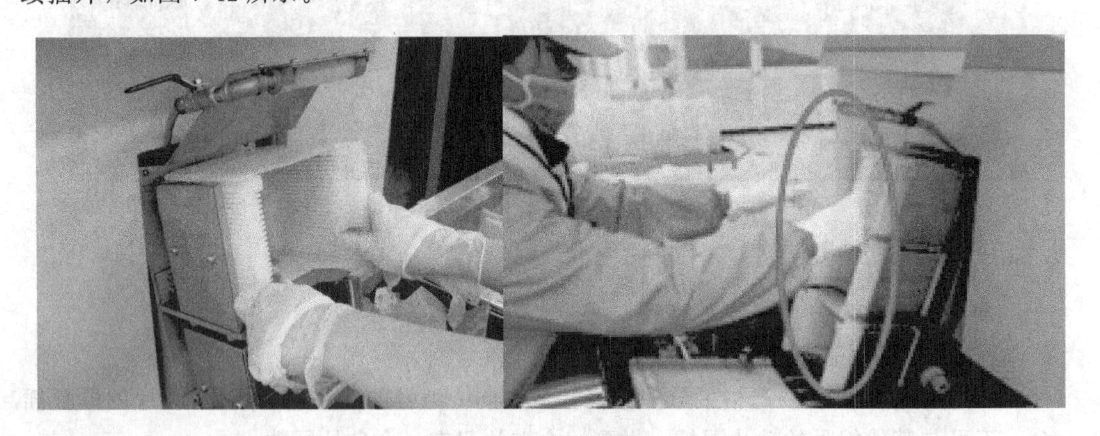

图 7-41　安装片盒

⑥ 用手分开硅片，取出大约 1cm 左右厚度硅片，双手抵在硅片两侧，拇指轻轻将适量硅片拨开，慢慢取出，左手拿取。打开插片机上的水阀，调节水量大小，调整喷嘴位置，将小水管对着硅片，便于插片员工分开硅片。左手拇指轻轻推出硅片，右手拿取一角，轻轻拉出，放在滑台上，硅片顺水流滑入花篮。操作过程中，硅片与滑板之间应保持一定角度，与导轨成 15°～30°较合适，便于硅片顺利滑入片盒，如图 7-43 所示。

⑦ 滑至 24 片时，报警灯响起，将第 25 片滑入后，待第二盒花篮上行到位后，方可

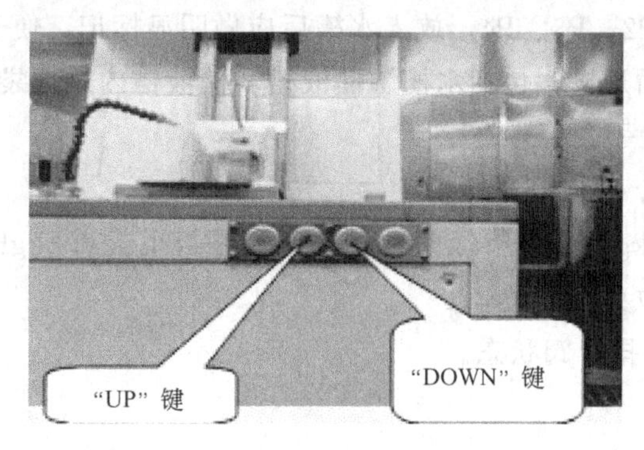

图 7-42 碎片处理键

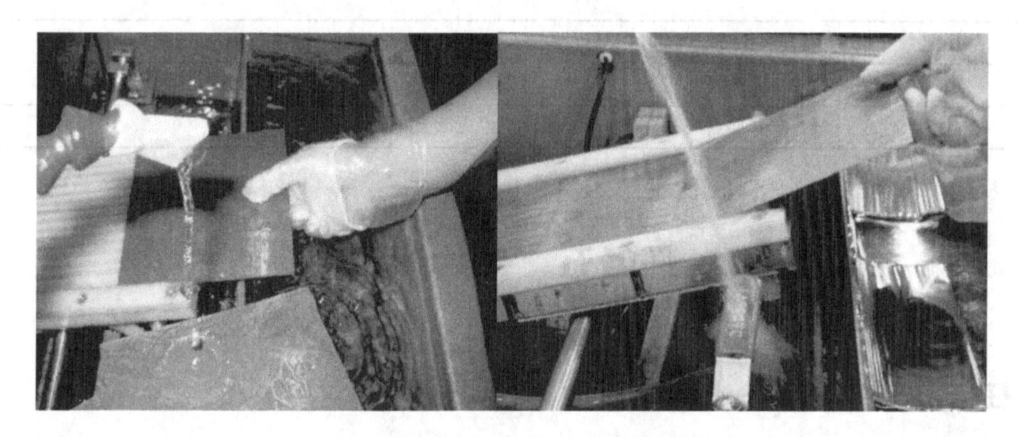

图 7-43 分开硅片及硅片滑入片盒

继续插片。

⑧ 正常插片至任意片数出现碎片（第 25、50、75 片除外），按"上行"键，在升降架升至最上位之前，按下"急停"键停止上升；然后取出碎片，再按"下行"键，升降架回至上次碎片位置处后继续正常插片。

⑨ 每次在水槽内拿取硅片时要注意区分硅块 P1、P2、P3、P4，并为清洗时做明显分隔。

⑩ 三盒花篮插满后，将花篮取出放入水槽内待清洗，并做好碎片记录。

⑪ 放入新的花篮，按下"下行"键升降架行至最低时，即可继续插片。

⑫ 关机

a. 将插片机后盖打开，打开三个排水阀，排出插片机各槽内废水。

b. 待排水干净后，取出储水槽内的过滤袋进行清理。

c. 将设备内所有碎片捡出，清洗放置硅片的水槽以及水槽中间和底部的过滤网。

d. 关闭电源。

e. 将工器具摆放整齐，设备及周围打扫干净。

⑬ 记录各相关数据。

⑭ 注意事项

a. 每次在脱胶处收取硅片后，要注意随工单是否一致，做好碎片记录。

b. 拿取硅片时注意不要碰触到硅片隔条。

c. 仔细分辨 P1、P2、P3、P4，放入水槽后应做明显标记，便于分辨。

d. 每班必须清理插片机，包括水槽、储液槽和储液槽内过滤袋。

e. 操作时必须戴上手套。

f. 硅片应与导轨成 15～30°放入。

g. 检查气压表（$5kgf/cm^2$）[1] 及过滤器的压力是否小于 $0.2kgf/cm^2$。

h. 检查储液槽液位处在高位。

i. 检查储液槽进、排水阀状态。

[任务小结]

序号	学习要点	收获与体会
1	插片工艺流程	
2	插片操作要点	

任务五　硅片清洗

[任务目标]

（1）掌握清洗工艺操作流程。

（2）掌握清洗工艺操作要点。

[任务描述]

硅片切割过程中会引入很多杂质，需将硅片表面残留的砂浆、金属离子以及其他高分子化合物除去，以便后续加工。本任务主要学习硅片清洗工艺。

[任务实施]

清洗工艺中，涉及到不同的清洗设备、清洗工艺，手动清洗机、自动清洗等多个知识点。

1. 手动清洗工艺

① 检查超声波清洗机的电源及摆动开关是否打开，如图 7-44 所示；再检查排水阀门及溢流阀门的开启情况，如图 7-45 所示。

② 向各清洗槽注入 120L 纯水，对各槽超声强度进行点检，能击穿铝箔纸即为合格，并做好记录。打开加热开关，按照工艺要求设定温度，开启超声及加热开关，如图 7-46 所示。

---

[1] $1kgf/cm^2 \approx 0.1MPa$，全书同。

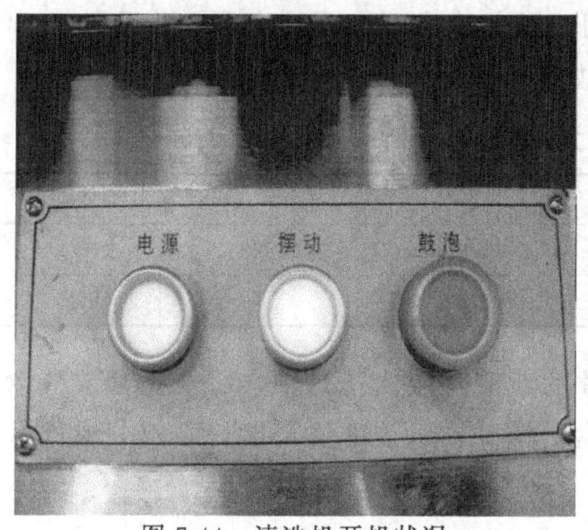

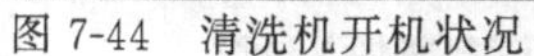
图 7-44 清洗机开机状况

图 7-45 阀门开启情况

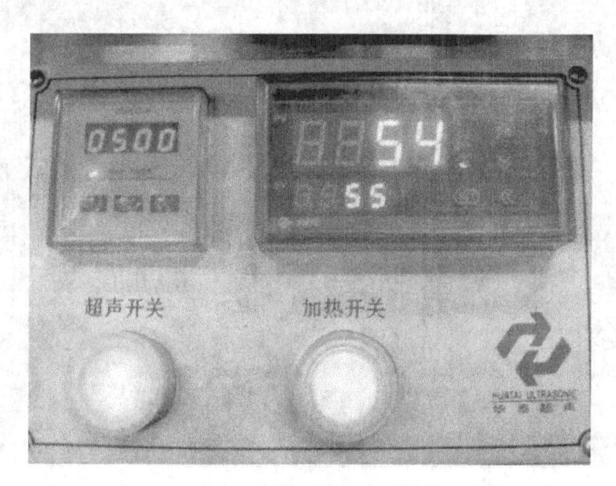

图 7-46 开启的超声及加热开关

③ 当各槽实际温度与设定温度差值为 10℃时，向清洗剂槽加入清洗剂；并用 PP 棒搅拌溶液，使溶液混合均匀。以 7 槽超声波清洗机为主要清洗设备，设备如图 7-3 所示，常见工艺参数如表 7-2 所示。

表 7-2 清洗工艺参数

槽	温度/℃	时间/min	超声	溢流	水
1	常温	5	超声＋鼓泡	是	自来水
2	常温	5	超声＋鼓泡	是	自来水
3	55±5	5	是		纯水
4	55±5	5	是		纯水
5	55±5	5	是	是	纯水
6	40±5	5	是	是	纯水
7	常温	5	是	是	纯水

④ 检查工艺参数是否在设定范围，确保超声波清洗机的第 3、4（药液槽）及第 5、6 槽的温度符合工艺要求，第 3、4、5 槽的温度为（55±5)℃，第 6 槽的温度为（40±5)℃。检查每槽清洗时间是否为 5min。

⑤ 待温度达到设定值，关闭进水和排水阀门，以免造成不必要的浪费。随后向3、4槽中加入清洗剂。典型的清洗剂常见的工艺参数如表7-3所示。

表7-3 药品配置工艺参数

槽	温度/℃	时间/min	超声	溢流	水/L	JH-15A/kg	JH-15B/kg
3	55±5	5	是	否	纯水110	2	1
4	55±5	5	是	否	纯水110	1	0.5

⑥ 待实际温度达到设定温度后，将装有硅片的花篮盒放入托盘中，每个托盘放6盒(有些企业是8盒)，如图7-47所示。当最后几盒不满6盒（或8盒）时，必须分成偶数的盒数来清洗，方便后面甩干。

图7-47 装入托盘的硅片

⑦ 打开超声开关、摆动开关，将放满花篮盒的托盘垂直放入第一槽中，待清洗时间达到设定的工艺值时，将托盘从第1槽移入第2槽，要保证垂直提取垂直放下。放的时候一定要小心轻放，如图7-48所示。

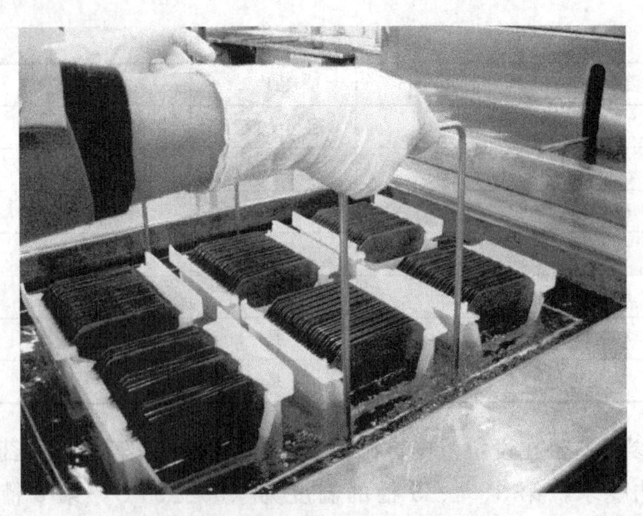

图7-48 垂直提取与放下托盘

⑧ 5min后，关掉超声开关，将清洗花篮放入第3槽，依次往下，直至第7槽清洗完毕。

⑨ 依次类推，使托盘内的硅片完成整个清洗过程。硅片从一个槽被提到下一个槽时，托盘要在上一槽上方停留3～5s，以免不同槽中的药品相互影响。托盘取出的过程中禁止抖动。

⑩ 如果从清洗机最后一槽中取出时发现有碎片，一定要将碎片取出，以免在甩干的过程中，碎片飞溅出去打碎原来的好片。

⑪ 清洗过程中要进行药剂的补加和更换，具体补加及更换方法视各公司工艺不同有所不同。

⑫ 针对车间花片、污片等异常，车间主任、技师、班长可将清洗剂和氢氧化钠初始添加浓度及补加浓度在0～50%范围内进行调整。

2. 全自动清洗及烘干工艺

(1) 作业准备及参数设置

① 检查电源连接是否完好，各阀门是否处于正常状态，管道连接是否紧密，各润滑部件润滑程度是否良好，气源是否到位、充足（气源保证在0.5MPa以上），水压是否足够（保证在0.2MPa以上）。

② 待确定无误后，打开总电源开关。接通控制电源，依次合上各分电源开关，按下操作面板下的“电源启动”按键，三色灯的黄色灯亮。等到启动界面后，按下触摸屏上的“欢迎使用”按键，待触摸屏显示正常后，切换到各“设定画面”，然后将操作面板切换到手动模式。

③ 切换至参数画面，按照工艺文件要求，在操作面板上设定各槽和烘干通道对应的温度。按下触摸屏上“设置”键，设定好各个槽所需清洗时间、回收和进水延迟时间（时间及温度设定都由工艺员设定，严禁随意修改）。

④ 检查温度、时间参数是否符合设定的工艺要求，各清洗槽参数设置参照手动清洗参数。

检查过程中如发现设置异常，应立即通知班长，禁止在未经过班长/主管的允许下私自删除/更改机器内部的设置程序、参数。

⑤ 往槽内加入规定量的清洗液至能浸没振板的最顶部及被清洗的工件的液位。进水阀自动关闭，将机械臂调整到原位状态（行走原位、升降原位、行走脱钩位）。

⑥ 按下触摸屏的“超声加热”按键，按下各个槽的加热按钮，等待加热（为防止自动运行时水温不够，先手动将各槽位水温升高），在检查完设备和状态一切正常后，可转入自动状态。

⑦ 打开清洗机的前侧窗口，向相应槽内加入相应量的药剂，具体剂量可参照手动清洗参数设置。佩戴好耐酸碱手套，保证手套无渗漏现象。将清洗剂按要求的计量缓慢倒入量杯内，多出的部分倒回桶内。

⑧ 确认各机械手在退钩位，把触摸屏“自动-手动”状态选择开关打到“自动”位置，三色灯和自动启动按钮指示闪亮。

⑨ 按原点按钮，使机械臂自动回到原点位置（在回到原点位时原点按钮指示灯闪

亮）。原点回归完毕，按“自动启动”按钮，三色灯的绿色灯亮，进行自动操作程序。

（2）进料、出料

① 当各槽的实际温度达到设定温度时，在上料台上放清洗篮，将插满硅片的片盒摆好放入清洗框内，将清洗框放在入料口处，按上料/入料确认按钮，履带自动将硅片送入喷淋槽内，清洗篮向前运行到上料位停止，机械臂会自动移至上料位，把清洗槽提到1号槽。每当清洗时间到达设定时间时，机械臂会自动将清洗篮提至下一槽清洗。

② 硅片全自动经过各槽清洗后经由烘干通道履带送出，等待清洗完毕时，及时取走烘干的硅片，机械臂会将清洗篮提至下料位进行烘干处理。

③ 烘干处理结束后，清洗篮移动至下料台，设备声光报警，操作工戴上高温手套将清洗篮提离下料台，将烘干后硅片整齐地排放到硅片传递桌上。

3. 数据记录

记录相关数据。

4. 关机

① 检查纯水、压缩空气、市水压力、排风压力是否正常。

② 检查空气开关、电路接触、保险丝、换能器工作是否正常。

③ 检查传动系统有无卡住现象。

④ 检查管路有无渗漏、滴液现象。

⑤ 依次关闭各槽的加热系统、机械臂运行系统、气源、电源按钮，最后关闭总开关。

5. 硅片车间停市水或纯水后单、多晶硅片的应急清洗办法

（1）预清洗岗位停市水

① 在下棒小车的槽底和四壁用包装硅片的泡沫垫平铺，以保护硅片。

② 小心地从切片机上卸下切割完毕的硅片，搁置在下棒小车内。

③ 用废砂浆淋湿抹布，再将抹布平整地覆盖在硅块表面。

④ 每半小时用同样的废砂浆再次淋湿覆盖的抹布，保持抹布和硅片湿润。

⑤ 淋湿抹布时观察是否有掉片，已掉的硅片码放整齐，防止破片。

⑥ 硅块放置超过24h，禁止再上预清洗设备清洗脱胶，必须人工小心掰下硅片，避免胶面崩边。

⑦ 将水枪水压调至0.4～0.6kgf/cm^2，顺着硅片冲洗硅片上的砂浆，硅片轻拿轻放以避免产生破片。

⑧ 冲洗完毕的硅片整齐码放在B剂溶液中待清洗。

（2）清洗岗位停纯水

① 打开清洗设备溢流槽的市水阀门，已经上料的硅片继续清洗。

② 停水后清洗出来的硅片不必分选倒片，待供水恢复正常后直接返洗。

③ 剩余的硅片和预清洗完毕的硅片不再插片上料，整齐摆放在清洗插片槽和硅片放置车内，水面必须漫过硅片上表面。

（3）注意事项

① 硅片清洗前必须保持硅片表面湿润，砂浆不干透。

② 下棒小车内必须放置泡沫垫以防止掉片损失。

③ 人工冲棒的水压必须稳定在合适的水压下，以减少冲棒时的破片。

④ 在保存预清洗出来的硅片时，可适当地在插片槽和硅片放置车内添加 B 剂 0.5L。

6. 注意事项

① 清洗纯水的电阻率＞15MΩ·cm。

② 严禁无液强制开启超声波及加热管，清洗槽内必须放入清洗液。

③ 更换清洗液时，应注意与新添的清洗液的温差不超过 40℃。

④ 开启电源时，应注意检查电控柜内轴流风机是否运转。如不运转，应立即停机，以免超声波发生器线路板因升温过高而造成损伤。

⑤ 生产过程中，应随时注意各槽的液位是否正常，上下料是否及时，机械臂是否运行正常，严禁随意按下“急停”钮。

⑥ 在运行过程中，自动转手动控制可在任何位置进行，手动转自动必须在原位进行，否则无效。

⑦ 生产过程中，严禁赤手触摸硅片。停机待料或产量不够时，超过 48h 须更换清洗液。

⑧ 加入清洗剂时要先将清洗剂摇匀，加入后再用 PP 棒搅拌均匀。达克罗清洗剂在配制时，先将 A 剂倒入清洗槽中，搅拌均匀后将 B 剂倒入清洗槽中，再次搅拌均匀。氢氧化钠加入方法：首先将氢氧化钠在量杯中溶解，然后再倒入清洗槽并搅拌均匀。

⑨ 托盘从上一槽拿到下一个槽时要在上一个槽上空停留 3～5s。

⑩ 有硅片清洗时超声开关、纯水槽进水开关开启。无硅片清洗时超声开关、纯水槽进水开关关闭，避免造成水电的浪费。

⑪ 务必保证纯水槽的清澈、不浑浊，漂洗后两槽不能有泡沫。

⑫ 清洗完毕后若发现硅片仍有脏污，应放入清洗槽进行复洗。

⑬ 硅片检验退回的复洗硅片，需在水中进行湿插片。

[任务小结]

序号	学习要点	收获与体会
1	手动及自动清洗工艺流程	
2	清洗操作工艺参数及控制要点要点	

任务六　硅片化学清洗机理分析

[任务目标]

(1) 掌握超声波清洗原理。

（2）掌握不同清洗液的组成。

（3）掌握化学清洗的机理及不同组分清洗液的功能。

（4）掌握硅片化学清洗液的改进措施。

[任务描述]

硅片清洗就操作层面而言，几乎都是经过几个清洗槽，并在清洗槽中配备好药品，最终清除硅片表面的有机物、颗粒、金属杂质等污染物。在这其中药品的配置是关键，如何选用药品的组分、浓度是至关重要的。本任务主要学习清洗的机理、清洗剂的作用及改进措施。

[任务实施]

1. 超声波清洗机理

换能器将功率超声频源的声能转换成机械振动，并通过清洗槽壁向槽子中的清洗液辐射超声波，槽内液体中的微气泡在声波的作用下振动，当声压或声强达到一定值时，气泡迅速增长，然后突然闭合，在气泡闭合的瞬间产生冲击波，使气泡周围产生1012～1013Pa的压力及局部调温，这种超声波空化所产生的巨大压力能破坏不溶性污物而使它们分化于溶液中。蒸汽型空化对污垢的直接反复冲击，一方面破坏污物与清洗件表面的吸附，另一方面能引起污物层的疲劳破坏而被剥离。气体型气泡的振动对固体表面进行擦洗，污层一旦有缝可钻，气泡立即"钻入"振动，使污层脱落。由于空化作用，两种液体在界面迅速分散而乳化。当固体粒子被油污裹着而黏附在清洗件表面时，超声波清洗机油被乳化，固体粒子自行脱落。超声波在清洗液中传播时会产生正负交变的声压，形成射流，冲击清洗件，同时由于非线性效应而产生声流和微声流，而超声空化在固体和液体界面会产生高速的微射流。所有这些作用，能够破坏污物，除去或削弱边界污层，增加搅拌、扩散作用，加速可溶性污物的溶解，强化化学清洗剂的清洗作用。由此可见，凡是液体能浸到且声场存在的地方都有清洗作用，其特点适用于表面形状非常复杂的零部件的清洗，尤其是采用这一技术后，可减少化学试剂的用量，从而大大降低环境污染。

2. 硅片清洗的原则

硅片清洗的一般原则是首先去除表面的有机沾污；然后溶解氧化层（因为氧化层是"沾污陷阱"，也会引入外延缺陷）；最后再去除颗粒、金属沾污，同时使表面钝化。

3. 清洗液的功能

根据硅片切割工艺及后续操作过程中引入的金属杂质、颗粒等杂质特点，清洗硅片的清洗溶液必须具备以下两种功能。

① 去除硅片表面的污染物　溶液应具有高氧化能力，可将金属氧化并溶解在清洗液中，同时将有机物氧化为 CO_2 和 H_2O。

② 防止被除去的污染物再向硅片表面吸附　这就要求硅片表面和颗粒之间的Z电势具有相同的极性，使两者存在相斥的作用。在碱性溶液中，硅片表面和多数的微粒子是以负的Z电势存在，有利于去除颗粒；在酸性溶液中，硅片表面以负的Z电势存在，而多

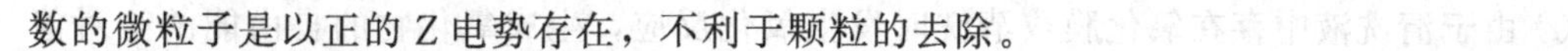

数的微粒子是以正的 Z 电势存在，不利于颗粒的去除。

4. 常见的硅片清洗方法机理

(1) APM (SC-1)(一号液)

清洗机理是在 65～80℃清洗约 10min，主要去除粒子、部分有机物及部分金属。由于 H_2O_2 的作用，硅片表面有一层自然氧化膜（SiO_2），呈亲水性，硅片表面和粒子之间可被清洗液浸透。由于硅片表面的自然氧化层与硅片表面的 Si 被 NH_4OH 腐蚀，因此附着在硅片表面的颗粒便落入清洗液中，从而达到去除粒子的目的。此溶液会增加硅片表面的粗糙度，Fe、Zn、Ni 等金属会以离子性和非离子性的金属氢氧化物的形式附着在硅片表面，能降低硅片表面的 Cu 的附着。

APM 的主要组分是 NH_4OH∶H_2O_2∶H_2O。体积比为（1∶1∶5）～（1∶2∶7）的 NH_4OH（27 %）、H_2O_2（30%）和 H_2O 组成热溶液。稀释化学试剂时将水所占的比例由 1∶5 增至 1∶50，配合超声清洗，可在更短时间内达到相当或更好的清洗效果。

SC-1 清洗后，再用很稀的酸（HCl∶H_2O 为 1∶104）处理，可以有效去除金属杂质和颗粒。也可以用稀释的 HF 溶液短时间浸渍，以去除在 SC-1 形成的水合氧化物膜。最后，常用 SC-1 原始溶液浓度 1/10 的稀释溶液清洗，以避免表面粗糙，降低产品成本，以及减少对环境的影响。

去除颗粒

硅片表面由于 H_2O_2 氧化作用生成氧化膜（约 6mm 呈亲水性），该氧化膜又被 NH_4OH 腐蚀，腐蚀后立即又发生氧化，氧化和腐蚀反复进行，因此附着在硅片表面的颗粒也随腐蚀层而落入清洗液内。

SC-1 洗液对不同的杂质作用不同，杂质种类与清洗液的性能关系分别如下：

① 自然氧化膜约 0.6nm 厚，其与 NH_4OH、H_2O_2 浓度及清洗液温度无关；

② SiO_2 的腐蚀速度随 NH_4OH 的浓度升高而加快，其与 H_2O_2 的浓度无关；

③ Si 的腐蚀速度，随 NH_4OH 的浓度升高而加快，到达某一浓度后为一定值，H_2O_2 浓度越高这一值越小；

④ NH_4OH 促进腐蚀，H_2O_2 阻碍腐蚀；

⑤ 若 H_2O_2 的浓度一定，NH_4OH 浓度越低，颗粒去除率也越低，如果同时降低 H_2O_2 浓度，可抑制颗粒去除率的下降；

⑥ 随着清洗液温度升高，颗粒去除率也提高，在一定温度下可达最大值；

⑦ 颗粒去除率与硅片表面腐蚀量有关，为确保颗粒的去除，要有一定量以上的腐蚀；

⑧ 超声波清洗时，由于空化现象只能去除≥0.4μm 的颗粒（兆声波清洗时由于 0.8MHz 的加速度作用，能去除≥0.2μm 颗粒，即使液温下降到 40℃，也能得到与 80℃超声清洗去除颗粒相同的效果，而且又可避免超声清洗对晶片产生损伤）；

⑨ 在清洗液中硅表面为负电位，有些颗粒也为负电位，由于两者的电的排斥力作用，可防止粒子向晶片表面吸附，但也有部分粒子表面是正电位，由于两者电的吸引力作用，粒子易向晶片表面吸附。

去除金属杂质

① 由于硅表面氧化和腐蚀，硅片表面的金属杂质随腐蚀层而进入清洗液中。

② 由于清洗液中存在氧化膜或清洗时发生氧化反应，生成氧化物的自由能的绝对值大的金属容易附着在氧化膜上。如 Al、Fe、Zn 等便易附着在自然氧化膜上，而 Ni、Cu 则不易附着。

③ Fe、Zn、Ni、Cu 的氢氧化物在高 pH 值清洗液中是不可溶的，有时会附着在自然氧化膜上。

④ 清洗后硅表面的金属浓度取决于清洗液中的金属浓度，其吸附速度与清洗液中的金属络合离子的形态无关。

⑤ 清洗时，硅表面的金属的脱附速度与吸附速度因各金属元素的不同而不同，特别是对 Al、Fe、Zn。若清洗液中这些元素浓度不是非常低，清洗后的硅片表面的金属浓度便不能下降。对此，在选用化学试剂时，按要求特别要选用金属浓度低的超纯化学试剂。

⑥ 清洗液温度越高，晶片表面的金属浓度就越高。若使用兆声波清洗，可使温度下降有利于去除金属沾污。

⑦ 由于 H_2O_2 的氧化作用，晶片表面的有机物被分解成 CO_2、H_2O 而被去除。

⑧ 晶片表面 *Ra* 与清洗液的 NH_4OH 组成比有关，组成比例越大，其 *Ra* 变大。*Ra* 为 0.2nm 的晶片被 $NH_4OH:H_2O_2:H_2O=1:1:5$ 的 SC-1 清洗后，*Ra* 可增大至 0.5nm。为控制晶片表面 *Ra*，有必要降低 NH_4OH 的组成比例，如 0.5∶1∶5。

⑨ COP（晶体的原生粒子缺陷）。CZ（直拉）硅单晶片经反复清洗后，经测定硅片表面≥2μm 的颗粒会增加。但对外延晶片，即使反复清洗，也不会使≥0.2μm 的颗粒增加。

去除有机物杂质

① 如硅片表面附着有机物，就不能完全去除表面的自然氧化层和金属杂质，因此清洗时首先应去除有机物。

② 添加质量分数为 $(2\sim10)\times10^{-6}$ O_3 的超净水清洗对去除有机物很有效，可在室温下进行清洗而不必进行废液处理，比 SC-1 清洗的效果更好。

针对清洗液的功能与不足，特对 SC-1 液提出改进措施，具体的改进工艺如下。

① 为抑制 SC-1 时表面 *Ra* 变大，应降低 NH_4OH 组成比，即 $NH_4OH:H_2O_2:H_2O=0.05:1:1$。当 *Ra*=0.2nm 的硅片清洗后其值不变，在 APM 洗后的 DIW 漂洗应在低温下进行。

② 可使用兆声波清洗去除超微粒子，同时可降低清洗液温度，减少金属附着。

③ SC-1 液中添加表面活性剂，可使清洗液的表面张力从 6.3dyn/cm[1] 下降到 19dyn/cm。选用低表面张力的清洗液，可使颗粒去除率稳定，维持较高的去除效率。使用 SC-1 液洗，其 *Ra* 变大，约是清洗前的 2 倍，用低表面张力的清洗液，其 *Ra* 变化不大（基本不变）。

④ SC-1 液中加入 HF，控制其 pH 值，可控制清洗液中金属络合离子的状态，抑制金属的再附着，也可抑制 *Ra* 的增大和 COP 的发生。

⑤ SC-1 加入螯合剂，可使洗液中的金属不断形成螯合物，有利于抑制金属的表面的附着。

(2) DHF [HF (H_2O_2)∶H_2O]

清洗机理

在 20～25℃清洗 30s 腐蚀表面氧化层，去除金属沾污。DHF 清洗可去除表面氧化

---

[1] 1dyn/cm=10^{-3}N/m，全书同。

层，使其上附着的金属连同氧化层一起落入清洗液中，可以很容易去除硅片表面的 Al、Fe、Zn、Ni 等金属，但不能充分地去除 Cu。

在 DHF 清洗时，将用 SC-1 清洗时表面生成的自然氧化膜腐蚀掉，Si 几乎不被腐蚀。硅片最外层的 Si 几乎是以 H 键为终端结构，表面呈疏水性。在酸性溶液中硅表面呈负电位，颗粒表面为正电位，由于两者之间的吸引力，粒子容易附着在晶片表面。

DHF 的主要组分为 HF（H_2O_2）和 H_2O，比例 HF：H_2O_2＝1：50。洗液的各组分清洗功能不同，清洗关系如下。

① 用 HF 清洗去除表面的自然氧化膜，因此附着在自然氧化膜上的金属再一次溶解到清洗液中，同时 DHF 清洗可抑制自然氧化膜的形成，故可容易去除表面的 Al、Fe、Zn、Ni 等金属。但随着自然氧化膜溶解到清洗液中，一部分 Cu 等贵金属（氧化还原电位比氢高）会附着在硅表面，DHF 清洗也能去除附在自然氧化膜上的金属氢氧化物。

② 如硅表面外层的 Si 以 H 键结构，硅表面在化学上是稳定的，即使清洗液中存在 Cu 等贵金属离子，也很难发生 Si 的电子交换，因此 Cu 等贵金属不会附着在裸硅表面。但是如果溶液中存在 Cl^-、Br^- 等阴离子，它们会附着于 Si 表面的终端氢键不完全地方，附着的 Cl^-、Br^- 会帮助 Cu 离子与 Si 电子交换，使 Cu 离子成为金属 Cu 而附着在晶片表面。

③ 因溶液中的 Cu 离子的氧化还原电位（E_0＝0.337V）比 Si 的氧化还原电位（E_0＝－0.857V）高得多，因此 Cu 离子能从硅表面的 Si 得到电子进行还原，变成金属 Cu 从晶片表面析出；另一方面被金属 Cu 附着的 Si 释放与 Cu 的附着相平衡的电子，自身被氧化成 SiO_2。

④ 从晶片表面析出的金属 Cu 形成 Cu 粒子核。这个 Cu 粒子核比 Si 的负电性大，它从 Si 吸引电子而带负电位，后来 Cu 离子从带负电位的 Cu 粒子核得到电子，析出金属 Cu，Cu 粒子就这样生长起来。

⑤ 在硅片表面形成的 SiO_2，在 DHF 清洗后被腐蚀成小坑，其腐蚀小坑数量与去除 Cu 粒子前的 Cu 粒子量相当，腐蚀小坑直径为 0.01～0.1cm，与 Cu 粒子大小也相当，由此可知这是由结晶引起的粒子，常称为 Mip（金属致拉子）。

针对清洗液的功能与不足，特对 DHF 液提出改进措施，具体的改进工艺如下。

① HF＋H_2O_2 清洗　HF 0.5%＋H_2O_2 10%在室温下清洗，可防止 DHF 清洗中的 Cu 等贵金属附着。

由于 H_2O_2 氧化作用，可在硅表面形成自然氧化膜，同时又因 HF 的作用将自然氧化层腐蚀掉，附着在氧化膜上的金属被溶解到清洗液中。在 APM 清洗时，附着在晶片表面的金属氢氧化物也可被去除，晶片表面的自然氧化膜便不再生长。

Al、Fe、Ni 等金属同 DHF 清洗一样，不会附着在晶片表面。

对 n^+、p^+ 型硅表面的腐蚀速度比 n、p 型硅表面大得多，可导致表面粗糙，因而不能使用于 n^+、p^+ 型硅片清洗。

添加强氧化剂 H_2O_2（E_0＝1.776V），比 Cu 离子优先从 Si 中夺取电子，因此硅表面由于 H_2O_2 被氧化，Cu 以 Cu 离子状态存在于清洗液中。即使硅表面附着金属 Cu，也会从氧化剂 H_2O_2 夺取电子呈离子化，硅表面被氧化形成一层自然氧化膜。因此 Cu 离子和 Si 电子交换很难发生，并越来越不易附着。

② DHF＋表面活性剂清洗　在 HF 0.5%的 DHF 液中加入表面活性剂，其清洗效果与 HF＋H_2O_2 清洗相同。

③ DHF＋阴离子表面活性剂清洗　在DHF液中，硅表面为负电位，粒子表面为正电位，当加入阴离子表面活性剂，可使得硅表面和粒子表面的电位为同符号，即粒子表面电位由正变为负，与硅片表面正电位同符号，使硅片表面和粒子表面之间产生电的排斥力，可以防止粒子的再附着。

(3) HPM (SC-2)(二号液)

清洗机理

在65～85℃清洗约10min，用于去除硅片表面的Na、Fe、Mg等金属沾污。在室温下HPM就能除去Fe和Zn。H_2O_2会使硅片表面氧化，但是HCl不会腐蚀硅片表面，所以不会使硅片表面的微粗糙度发生变化。

($HCl:H_2O_2:H_2O$)为(1∶1∶6)～(2∶1∶8)的H_2O_2(30%)、HCl(37%)和水组成的热混合溶液。对含有可见残渣的严重沾污的晶片，可用热H_2SO_4与H_2O(2∶1)混合物进行预清洗。

洗液的各组分清洗功能不同，清洗关系如下。

① 清洗液中的金属附着现象在碱性清洗液中易发生，在酸性溶液中不易发生，并具有较强的去除晶片表面金属的能力。经SC-1洗后虽能去除Cu等金属，但晶片表面形成的自然氧化膜的附着(特别是Al)问题还未解决。

② 硅片表面经SC-2清洗后，表面Si大部分以O键为终端结构，形成一层自然氧化膜，呈亲水性。

③ 由于晶片表面的SiO_2和Si不能被腐蚀，因此不能达到去除粒子的效果。如在SC-1和SC-2的前、中、后加入98%的H_2SO_4、30%的H_2O_2和HF，HF终结中可得到高纯化表面，阻止离子的重新沾污。在稀HCl溶液中加氯乙酸，可极好地除去金属沾污。表面活性剂的加入，可降低硅表面的自由能，增强其表面纯化，它在HF中使用时，可增加疏水面的浸润性，以减少表面对杂质粒子的吸附。

(4) SPM (三号液)($H_2SO_4:H_2O_2:H_2O$)

清洗机理

在120～150℃清洗10min左右，SPM具有很高的氧化能力，可将金属氧化后溶于清洗液中，并能把有机物氧化生成CO_2和H_2O。用SPM清洗硅片，可去除硅片表面的重有机物沾污和部分金属，但是当有机物沾污特别严重时，会使有机物碳化而难以去除。经SPM清洗后，硅片表面会残留有硫化物，这些硫化物很难用去粒子水冲洗掉。

由Ohnishi提出的SPFM ($H_2SO_4/H_2O_2/HF$)溶液，可使表面的硫化物转化为氟化物而有效地冲洗掉。由于臭氧的氧化性比H_2O_2的氧化性强，可用臭氧来取代H_2O_2 ($H_2SO_4/O_3/H_2O$称为SOM溶液)，以降低H_2SO_4的用量和反应温度。H_2SO_4(98%)∶H_2O_2(30%)＝4∶1。

(5) ACD清洗

① AC清洗　在标准的AC清洗中，将同时使用纯水、HF、O_3、表面活性剂与兆声波。O_3具有非常强的氧化性，可以将硅片表面的有机物沾污氧化为CO_2和H_2O，达到去除表面有机物的目的，同时可以迅速在硅片表面形成一层致密的氧化膜。HF可以有效地去除硅片表面的金属沾污，同时将O_3氧化形成的氧化膜腐蚀掉，在腐蚀掉氧化膜的同

时，可以将附着在氧化膜上的颗粒去除掉。兆声波的使用将使颗粒去除的效率更高。而表面活性剂的使用，可以防止已经清洗掉的颗粒重新吸附在硅片表面。

② AD清洗　在AD干燥法中，同样使用HF与O_3。整个工艺过程可以分为液体中反应与气相处理两部分。

首先将硅片放入充满HF/O_3的干燥槽中，经过一定时间的反应后，硅片将被慢慢地抬出液面。由于HF酸的作用，硅片表面将呈疏水性，因此，在硅片被抬出液面的同时，自动达到干燥的效果。

在干燥槽的上方安装有一组O_3的喷嘴，使得硅片被抬出水面后就与高浓度的O_3直接接触，进而在硅片表面形成一层致密的氧化膜。

在采用AD干燥法的同时，可以有效地去除金属沾污。该干燥法可以配合其他清洗工艺来共同使用，干燥过程本身不会带来颗粒沾污。

(6) 酸系统溶液

① SE洗液　HNO_3（60%）：HF（0.025%～0.1%）。SE能使硅片表面的铁沾污降至常规清洗工艺的1/10，各种金属沾污均小于1010原子/cm^2，不增加微粗糙度。这种洗液对硅的腐蚀速率比对SiO_2快10倍，且与HF含量成正比。清洗后硅片表面有1nm的自然氧化层。

② CSE洗液　HNO_3：HF：H_2O_2＝50：（0.5～0.9）：（49.1～49.5），35℃，3～5min。用CSE清洗的硅片表面没有自然氧化层，微粗糙度较SE清洗低。对硅的腐蚀速率不依赖于HF的浓度，这样有利于工艺控制。当HF浓度控制在0.1%时效果较好。

5. 常用清洗方案

(1) 硅片衬底的常规清洗方法

① 三氯乙烯（除脂）80℃，15min。

② 丙酮、甲醇20℃，去离子水流洗，依次2min。

③ 2号液（4：1：1）90℃，10min。

④ 去离子水流洗2min，擦片（用擦片机）。

⑤ 去离子水冲5min。

⑥ 1号液（4：1：1）90～95℃，10min。

⑦ 去离子水流洗5min。

⑧ 稀盐酸（50：1），2.5min。

⑨ 去离子水流洗5min。

⑩ 甩干（硅片）。

该方案的清洗步骤为：先去油，接着去除杂质，其中第⑩步用于进一步去除残余的杂质（主要是碱金属离子）。

(2) DZ-1、DZ-2清洗半导体衬底的方法

① 去离子水冲洗。

② DZ-1（95：5），50～60℃，超声10min。

③ 去离子水冲洗（5min）。

④ DZ-2（95：5），50～60℃，超声10min。

⑤ 去离子水冲洗（5min）。

⑥ 甩干或氮气吹干。

该方案中用电子清洗剂代替方案（1）中的酸碱及双氧水等化学试剂，清洗效果大致与方案（1）相当。

(3) 硅抛光片的一般清洗方法

① 无钠清洗剂加热煮 3 次。

② 热去离子水冲洗。

③ 3 号液清洗。

④ 热去离子水冲洗。

⑤ 去离子水冲洗。

⑥ 稀氢氟酸漂洗。

⑦ 去离子水冲洗。

⑧ 1 号液清洗。

⑨ 去离子水冲洗。

⑩ 甩干。

对于用不同的抛光方式（有蜡或无蜡）得到的抛光片，其被各种类型的污染杂质沾污的情况各不相同，清洗的侧重点也就各不相同，因此上述各清洗步骤的采用与否及清洗次数的多少也就各不相同。

(4) 某一化学清洗流程

以下所有试剂配比均为体积比。所用有机试剂均是分析级试剂，部分试剂的浓度如下：$w(H_2O_2)\geqslant 20\%$；$w(HF)\geqslant 40\%$；$w(H_2SO_4)$：95%～98%。

① 除脂　三氯乙烯溶液中旋转清洗 3 次，每次 3min；异丙醇中旋转清洗 3 次，每次 3min；去离子水漂洗 3 次；高纯氮气吹干。

② 氧化　在新配的 H_2SO_4 ∶ H_2O_2（1∶1）溶液中氧化 3min；在 70℃温水中漂洗 3min（避免 Si 表面因骤冷出现裂纹）；去离子水中漂洗 2 次，每次 3min。

③ 刻蚀　HF ∶ C_2H_5OH（1∶10）溶液中刻蚀 3min；C_2H_5OH 中漂洗 3 次，每次 3min；高纯氮气吹干。

化学清洗后，样品应快速传入真空系统，因为 H 钝化的硅表面在空气中只能维持几分钟内不被重新氧化。若清洗后的 Si 片不能及时进入超高真空系统，可将清洗后的 Si 片放入无水 C_2H_5OH 中，既可以延缓表面被氧化的速度，又可以避免清洗后的表面被空气中的杂质所污染。

[任务小结]

序号	学习要点	收获与体会
1	超声波清洗机理	
2	各类清洗工艺的机理	
3	针对不同杂质的清洗剂及机理	
4	各类清洗工艺的改进措施	

任务七　清洗机的维护与保养

[任务目标]

（1）掌握超声波清洗机的常见故障处理。

（2）掌握超声波清洗机的日常维护与保养。

（3）掌握清洗机操作过程中的注意事项。

[任务描述]

超声波清洗机在清洗过程中难免出现问题，需要对清洗机进行正确的维护与保养，并能够解决常见的问题。本任务主要从维护与保养的角度进行讲解。

[任务实施]

1. 常见故障分析

设备在运行过程中难免会出现一些故障，其常见故障及故障原因、排除方法如下。

（1）无超声波

原因分析：超声波发生器线路板上的保险座内保险是否烧毁，超声波发生器元件是否损坏，换能器有否短路，该路空气开关是否跳闸。

排除方法：更换保险，专业元件、换能器损坏，发送回厂家维修。

（2）超声波减弱

原因分析：超声发辐射表面是否堆积有脏物；换能器如受潮湿、导电粉尘沾染及强击，产生漏电、短路、击穿、裂纹甚至脱落，引起超声波强度减弱。

排除方法：清除粉尘、水汽、水珠，保持所有的电气元件干燥、整洁。

（3）加热失效

原因分析：检查该槽发热板是否烧毁（或已断路），总保险座内保险是否烧毁，相应继电器是否损坏，检查该路的空气开关否跳闸。

排除方法：更换发热板，更换相应继电器。

（4）进水失效

原因分析：检查水源是否接通进水电磁阀，进水电磁阀是否烧毁（或已断路），水位是否超过最高水位（150mm），排水电磁阀是否尚未关闭，槽内进水口是否有异物堵塞。

排除方法：接通水源，更换进水电磁阀（或使连接线路恢复正常），排除异物。

（5）排水失效

原因分析：检查排水电磁阀是否已损坏（或已断路），排水开关是否已损坏（或已断路）。

排除方法：更换排水电磁阀（或使连接线路恢复正常），更换排水开关（或使连接线路恢复正常）。

(6) 超声定时失效

原因分析：检查定时器是否已损坏（或已断路）。

排除方法：更换定时器（或使连接线路恢复正常）。

(7) 设备得电失效

原因分析：总保险座内保险是否烧毁，电源开关是否已损坏（或已断路），交流接触器是否已损坏（或已断路），变压器是否已损坏（或已断路），该路空气开关是否跳闸。

排除方法：更换保险，更换电源开关（或使连接线路恢复正常），更换交流接触器（或使连接线路恢复正常），更换变压器（或使连接线路恢复正常）。

(8) 高低水位控制失效

原因分析：检查高低水位装置在槽内的采水口是否被异物堵塞，高低水位装置内是否存有异物（污垢），高低水位开关是否已损毁，高低水位开关是否被卡死。

排除方法：排除异物，更换高低水位开关。

(9) 温度控制失效

原因分析：检查温控器、温敏开关是否已损坏（或已断路）。

排除方法：更换温控器、热敏开关（或使连接线路恢复正常）。

(10) 循环水泵出水失效

原因分析：检查出水球阀是否打开，水泵是否烧毁，水位是否未超过最低水位(80mm)，水泵采水口是否被异物堵塞。

排除方法：打开球阀，更换水泵，注入清洗液，水位直至超过低水位，排除异物。

2. 日常维护保养

① 如果清洗设备长时间不使用，应将清洗液从清洗槽中排出。

② 如果清洗设备长时间不使用，应每周按清洗机使用规范开机一次并工作1h。

③ 环境湿度过大时，应经常将超声波换能器、超声波发生器上附着的或附近的潮气、水珠吹干。

④ 设备机体应该定期擦拭，保持整洁外观。

⑤ 机器在使用过程中，由于环境或其他因素的影响，可能引起故障；压电陶瓷换能器如受潮湿、导电粉尘的污染以及外来剧烈撞击，将会产生漏电、短路、陶瓷晶片破裂、换能器脱落等故障；超声波发生器在电源电压大幅度波动等影响下，也会出现元器件损坏、变压器烧毁等故障。因此，使用过程中应注意：

a. 清洗槽内无清洗液时，绝对不能强行按下超声开关，否则会导致损坏换能器的严重后果；

b. 在使用过程中防止清洗液溢出缸面，特别是漂浮于液面的泡沫应及时清除，以免引起换能器和线路故障；

c. 不得将物体直接放入清洗槽，如有异物落入槽底应及时取出，否则会损坏超声波换能器；

d. 切不可使用可燃性溶剂作清洗液；

e. 紧急停机时应按电源按钮，正常情况下断开机器总电源前应将控制面板上的开关全部断开；

f. 旧液换新液时，排液应在加热开关、超声波开关置于“关闭”的状态及在常温状态下进行；

g. 清洗槽内沉积物过多时应及时放液冲洗清除；

h. 如发生故障，应及时找设备人员来进行维修。

3. 清洗机使用中的注意事项

① 在清洗槽中没有倒入清洗液或水时，严禁开机，否则可能损坏仪器。

② 电缆连接器在使用前必须确认连接头是否受潮，如有受潮现象，应先干燥后方可使用。

③ 勿使清洗液及水流到发生器中，以免损坏仪器。

④ 检查清洗机槽内水位，保证槽内有适量的水。

⑤ 按清洗工艺及兑水比例加入适量的清洗剂。

⑥ 严禁大功率直接启动，应将功率调节至最小。

⑦ 开启超声波发生器（电源）开关，听到声波响，水开始有气泡产生，由弱到强，调节超声波功率开关，直到最佳状态。

⑧ 清洗间隔时间长时关闭超声波电源，“功率调节”旋钮旋至最小位置。

⑨ 如现场腐蚀性气体较高，应尽可能将超声波发生器（电源部分）系统远离清洗槽。

⑩ 开机状态以及关机 30min 时间之内，严禁触摸发生器内电子元件，因电容器内储有高压电能。

⑪ 不要私自拆开超声波发生器（电源部分），并保证电源部分排风流畅，严禁接触水或被水打湿。

[任务小结]

序号	学习要点	收获与体会
1	清洗机的异常情况及处理	
2	清洗机的日常维护与保养	
3	清洗机使用过程中的注意事项	

任务八　硅片甩干

[任务目标]

（1）掌握甩干硅片的操作流程。

（2）掌握硅片甩干的控制要点。

[任务描述]

硅片清洗后，刚刚自清洗机中取出的硅片表面附有大量的水分，若让硅片裸露在空气中自然干燥，会在硅片表面带来大量的杂质，故需要在特定的设备中甩干。本任务学习甩干操作的工艺流程。

[任务实施]

1. 启动工作

确认电源开关已开，电源指示灯亮。

2. 设定参数及检查

① 按照工艺要求设定参数，具体参数如下：最高转速为 350 r/min，最低转速为 300r/min，温度为 120℃，喷水时间为 30s，喷氮时间为 180s。

② 检查触摸屏上的参数是否满足工艺要求。触摸屏参数如图 7-49 所示。

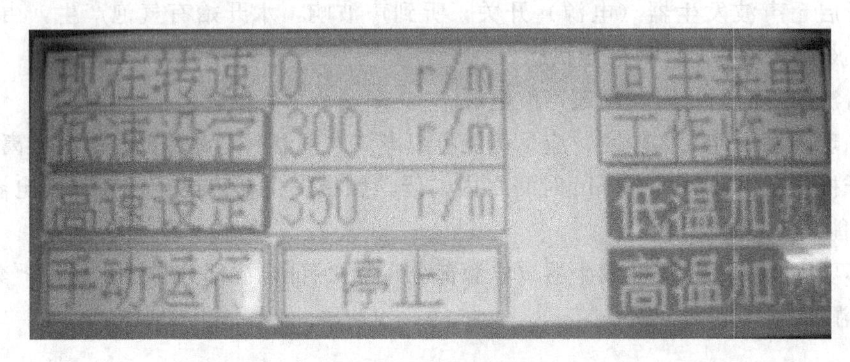

图 7-49 触摸屏数据

③ 确认压缩空气压力不低于 0.5MPa。如低于 0.5MPa，需打开压缩空气阀门。确认低温加热和高温加热开启，以确保甩干机正在加热。

3. 甩干操作

① 按开门键，打开门盖，如图 7-50 所示。

② 检查甩干机各程序、参数是否正常。

③ 将清洗干净的硅片连同片盒横向按对角线对称放入甩干机内。放入和取出时，手形必须是外八字形，以免手背碰撞邻近硅片，如图 7-51 所示。

④ 甩干机正常适用于甩干 8″硅片。若用 6″、6.5″硅片，则需加片盒限位插销，如图 7-52 所示。

⑤ 所有硅片摆放完毕后，双手按住关门按钮。待关门到位后，显示门锁关，此时松开双手，如图 7-53 所示。

⑥ 按“启动”按钮，机器即按编好的程序自动执行。

⑦ 甩干完毕后，机器发出蜂鸣警叫声，提示操作者开门取件。

⑧ 待甩干机自动停止后，控制面板上的时间归零，启动“开门”按钮，将花篮盒取出，如图 7-54 所示。

图 7-50　开门按钮

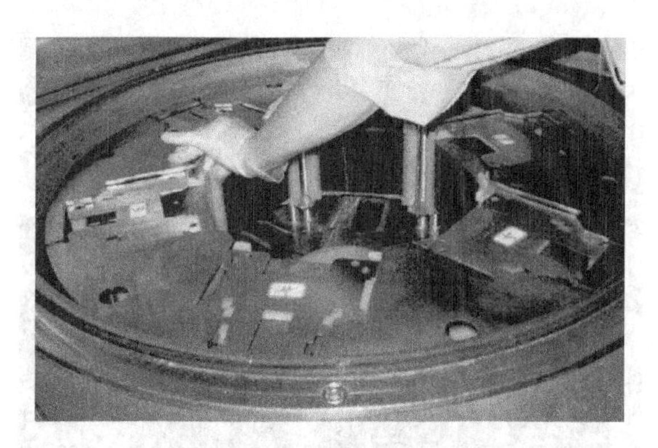

图 7-51　摆放硅片

图 7-52　固定片盒

⑨ 将甩干后的硅片整齐地排放到硅片传递桌上，把花篮盒内的碎片取出，并及时清理甩干机内的碎硅片，填写相关记录。

⑩ 清点硅片数量，填写工艺单，送往检验车间，由检验人员核对后完成清洗，最后

图 7-53 关门按钮

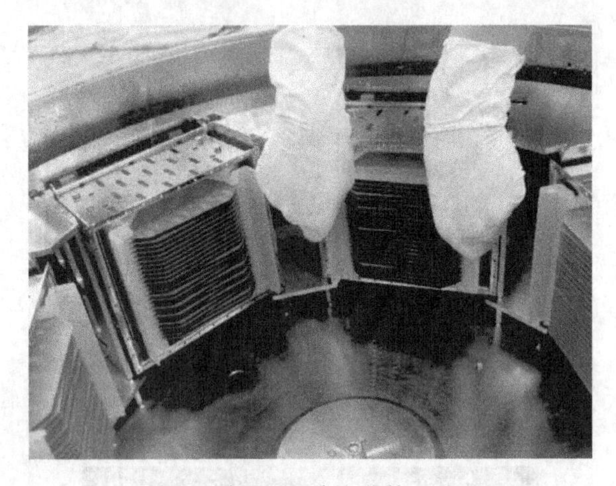

图 7-54 取出花篮

将硅片运输车放至甩干机附近。

4. 填写工艺单

填写实交片数、清洗损失片数、清洗时间、操作人、备注工作栏。

5. 清洗完整工艺中需要注意的事项

① 接触硅片务必要戴手套，插片、清洗及甩干员工一定要戴内层汗布手套、外层洁净乳胶手套。

② 硅片在甩干前的每个环节都要保持浸泡状态，不允出现自然风干的现象。在各个环节交接过程中注意做好硅块标识，不同编号的硅片不能混淆。

③ 禁止在未经工艺师/车间主任允许下私自删除/更改机器程序、参数。

④ 及时清理每个工序的碎片，并做好每个环节的碎片记录和硅片追踪单。

⑤ 定期对甩干机的喷嘴及内部进行清理，每 2 天超声清洗一次。

[任务小结]

序号	学习要点	收获与体会
1	甩干工艺流程	
2	甩干操作要点	

项目八

硅片检测及包装

[项目目标]

(1) 熟悉硅片检测分级的标准。
(2) 掌握硅片检测工艺。
(3) 掌握硅块包装工艺。

[项目描述]

多晶硅锭与单晶硅棒经一系列的工艺流程加工成硅片，需要对硅片进行检测、分类、包装；通过检测分类，将同类型的硅片分组，最后对正品与等外品进行包装。本项目主要介绍硅片的检测分选及包装。

任务一 熟悉硅片检测分级标准

[任务目标]

(1) 熟悉常见硅片的尺寸规格。
(2) 掌握不同等级硅片分类的标准。

[任务描述]

硅片质量不同，最后得到的光伏电池效率相差很大。目前市场中较多的硅片分类有A级、B级。本项目主要讲解各类硅片的标准。

[任务实施]

单晶硅片与多晶硅片根据性能不同，分类标准不同。具体的分类标准如下。

1. 多晶硅片

按质量要求将硅片分为A级硅片、B级硅片、C级硅片、D级硅片4级，如表8-1所

表 8-1　多晶硅片质量等级分类方法

序号	检验项目	A		B	C	D	检测方法	检验方式
		A1	A2	B1、B2、B3…B9				
1	导电类型	P	P	P	可划片（不合格产品），但在划为小规格尺寸（125mm×125mm）硅片后，其他性能符合A级硅片标准	不合格产品，即不满足A、B、C级要求的硅片均归为D级	硅片分选设备	抽检
2	隐裂、针孔	无隐裂、无针孔	无隐裂、无针孔				硅片分选设备	抽检
3	崩边	长度≤1mm、深度≤0.5 mm、每片崩边总数≤2处	长度≤1mm、深度≤0.5 mm、每片崩边总数≤2处	B1：1mm＜崩边长度≤5mm、1mm＜深度≤2mm、1＜崩边总数≤3			目测	全检
4	TTV/μm	≤30	≤30	B2：30＜TTV≤50			硅片分选设备	抽检
5	厚度/μm	(200±20)	(200±20)	B3：厚度偏差超过±20μm但小于±40μm			硅片分选设备	抽检
6	尺寸/mm	(156±0.5)	(156±0.5)	B4：硅片尺寸偏差超过±0.5mm但小于±1.0mm			硅片分选设备	抽检
7	倒角	(1±0.5)mm、45°±10°	(1±0.5)mm、45°±10°	B5：倒角尺寸偏差超过±0.5mm但小于±0.8mm			硅片分选设备	抽检
8	线痕/μm	深度≤8	深度≤15	B6：15＜深度≤30			目测、必要时使用表面粗糙度仪帮助判定	全检
9	电阻率/Ω·cm	0.5～3;3～6	0.5～3;3～6	B7：电阻率＜0.5			硅片分选设备	抽检
10	少子寿命/μs	≥2	≥2	B8：0.5≤少子寿命＜2			少子寿命测试仪	按硅块检验规程进行抽检
11	表面质量状况	硅片表面及侧面无凹坑、无沾污、无氧化、无穿孔、无裂纹、无划伤	硅片表面及侧面无凹坑，无明显沾污（表面沾污总面积小于3mm²，每100片单边侧面沾污总面积小于20mm²）（判断时参照沾污样本片进行判定），无氧化，无穿孔，无裂纹，无划伤	B9：硅片表面有沾污但硅片颜色不发黑；油点或其他脏物不得有3处，每处沾污或其他脏物面积≤1mm²			目测	全检
12	弯曲度/μm	≤80	≤80	≤80			塞尺	抽检
13	氧碳含量	氧含量≤8×10¹⁷ atoms/cm³；碳含量≤6.0×10¹⁷ atoms/cm³	氧含量≤8×10¹⁷ atoms/cm³；碳含量≤6.0×10¹⁷ atoms/cm³	氧含量≤8×10¹⁷ atoms/cm³；碳含量≤6.0×10¹⁷ atoms/cm³			氧碳含量测试仪	客户要求时才抽检

注：1. A级硅片为优等品，A、B级硅片均为合格硅片，C、D级硅片为不合格硅片。

2. B级硅片按企业制定的相关让步使用规定进行使用，C级、D级硅片按企业《不合格品控制程序》进行处理。

3. 凡涉及到“不明显”、“目测”字样的条款，其检验的光照条件依据GB 50034—92工业企业照明设计标准一般精细作业中的要求，即识别对象最小尺寸$0.6<d<1.0$，视觉作业分类等级为Ⅳ乙，亮度对比为大，照度大小为200lux。即需40W的日光灯源，工作面距离灯源50～70cm。

4. 凡涉及到“不明显”、“目测”字样的条款，检验时可以标片的方式辅助加以判定是否合乎要求。

示。其中，将A级硅片按电阻率分为A1（0.5～3Ω·cm）、A2（3～6Ω·cm）两类；B级硅片按部分性能不满足A级硅片要求分为B1、B2、B3、B4、B5…B9共九类；C级硅片指由清洗、检测和包装过程中产生的碎片，经判定能将其划成一定尺寸的小规格硅片（如125mm×125mm），其他检验参数符合A级硅片标准。具体要求见表8-1。

2. 单晶硅片

单晶硅片成品检验与多晶有所区别，具体做法如下。

① 以每根晶棒所切片数为一单位，按表8-1中抽检方案对其进行外观检测，根据检测结果对合格品进行分类包装。

② 针对尺寸、电阻率、导电型号检测时，如发现一片不合格，则针对不合格项目进行全检，除去不合格品后，按其等级进行包装。

③ 出厂检验结果的判定：抽检判别不合格的批不合格产品，并针对不合格项目进行全检，除去不合格品后，合格品可以重新组批。重新送检的产品，复检时可以只对上次检验不合格项目进行检验判别。

④ 如客户有特殊质量要求时，按客户的质量标准为依据。

单晶125mm×125mm、156mm×156mm的硅片检测参数标准如表8-2所示，通用性技术指标如表8-3所示。

表8-2 硅片检测参数标准

检验项目	检验内容	检验标准
尺寸	边宽尺寸	125mm±0.5mm
	厚度	硅片厚度允许误差为200μm±20μm
	TTV	≤30μm
	垂直度	相邻两边的垂直度为90°±0.25°
	翘曲度	翘曲度≤50μm
	对角线长度	150mm±0.5mm
	倒角角度	倒角角度45°±10°
外观	表面	表面洁净，无沾污，色斑
	线痕	线痕深度≤15μm
	裂纹	无可视裂纹
	孔洞	不能有穿孔现象
	微晶	无
	崩边	深度≤0.5mm，长度≤1 mm，少于2处，无V形缺口
	缺角	深度≤0.5mm，长度≤1 mm，少于2处
	硅晶脱落	深度≤1mm，长度≤1.5mm，少于2处
性能	导电	P型
	少子寿命	≥1μs（单晶裸片）
	电阻率	1～3Ω·cm
	氧含量	≤1×10^{18}atoms/cm^3
	碳含量	≤5×10^{16}atoms/cm^3

表 8-3 通用性技术指标

<table>
<tr><td colspan="2" rowspan="3">检验项目</td><td colspan="7">检验要求</td><td rowspan="3">检测工具</td><td colspan="2">依据 GB/T2828.1—2003
一次抽样方案</td></tr>
<tr><td colspan="7">硅片等级</td><td rowspan="2">成品检验</td><td rowspan="2">出厂检验</td></tr>
<tr><td colspan="4">A 级品</td><td colspan="3">B 级品</td></tr>
<tr><td rowspan="7">外观</td><td>崩边／缺口</td><td colspan="4">长≤0.5mm，宽≤0.3mm，数量≤2 个</td><td colspan="3">长≤1mm，宽≤1mm，数量≤3 个</td><td>目测</td><td>全检</td><td>Ⅱ AQL2.5</td></tr>
<tr><td>表面粗糙度</td><td colspan="4">深度≤15μm(无明显可见线痕)</td><td colspan="3">—</td><td rowspan="6">目测</td><td rowspan="6">全检</td><td rowspan="6">Ⅱ AQL2.5</td></tr>
<tr><td>波　纹</td><td colspan="4">无</td><td colspan="3">—</td></tr>
<tr><td>凹坑(硅落)</td><td colspan="4"><0.5mm</td><td colspan="3">—</td></tr>
<tr><td>裂痕／鸦爪</td><td colspan="4">无</td><td colspan="3">无</td></tr>
<tr><td>孔　洞</td><td colspan="4">无</td><td colspan="3">无</td></tr>
<tr><td>表面清洁度</td><td colspan="4">表面应清洁、无明显色斑或沾污</td><td colspan="3">色斑≤30%，不得有沾污</td></tr>
<tr><td rowspan="11">尺寸</td><td rowspan="3">规格/mm</td><td colspan="7">尺寸</td><td rowspan="3">游标卡尺</td><td rowspan="13">S-Ⅱ AQL1.0</td><td rowspan="11">S-Ⅱ AQL1.0</td></tr>
<tr><td colspan="2">边长/mm</td><td colspan="2">直径/mm</td><td colspan="2">倒角差/mm</td><td rowspan="2">垂直度/(°)</td></tr>
<tr><td>max</td><td>min</td><td>max</td><td>min</td><td>同片</td><td>异片</td></tr>
<tr><td>125×125 Ⅰ</td><td>125.5</td><td>124.5</td><td>150.5</td><td>149.5</td><td>0.5</td><td>1</td><td>90±0.5</td><td rowspan="5">万能角规</td></tr>
<tr><td>125×125 Ⅱ</td><td>125.5</td><td>124.5</td><td>165.5</td><td>164.5</td><td>0.5</td><td>1</td><td>90±0.5</td></tr>
<tr><td>156×156 Ⅰ</td><td>156.5</td><td>155.5</td><td>200.5</td><td>199.5</td><td>0.5</td><td>1</td><td>90±0.5</td></tr>
<tr><td>156×156 Ⅱ</td><td>156.5</td><td>155.5</td><td>203.5</td><td>202.5</td><td>0.5</td><td>1</td><td>90±0.5</td></tr>
<tr><td>156×156 Ⅲ</td><td>156.5</td><td>155.5</td><td>195.5</td><td>194.5</td><td>0.5</td><td>1</td><td>90±0.5</td></tr>
<tr><td>厚度允许偏差</td><td colspan="4">±20μm</td><td colspan="3">±30μm</td><td>硅片分选设备</td></tr>
<tr><td>总厚度变化 TTV</td><td colspan="4">≤30μm</td><td colspan="3">—</td><td>硅片分选设备</td></tr>
<tr><td>翘曲度</td><td colspan="4">≤50μm</td><td colspan="3">—</td><td>硅片分选设备</td></tr>
<tr><td rowspan="2">性能</td><td>导电型号</td><td colspan="4">P 型</td><td colspan="3">P 型</td><td>极性仪</td><td rowspan="2">按检查水平 S-Ⅱ AQL1.0 抽取样本，检验样本中有 1 片不合格则判该批产品为不合格</td></tr>
<tr><td>电阻率</td><td colspan="4">1～3Ω·cm；
3～6Ω·cm</td><td colspan="3">0.5～1Ω·cm</td><td>薄片四探针电阻率测试仪</td></tr>
</table>

[任务小结]

序号	学习要点	收获与体会
1	硅片分类标准	
2	分析造成不同级别硅片的原因	

任务二　硅片检测

[任务目标]

(1) 掌握硅片检测的项目。

(2) 掌握硅片检测操作流程。

[任务描述]

根据硅片的外观及电学性能差异，可将硅片分为 A、B 等不同的等级。本项目主要从外观、电学性能等方面进行介绍。

[任务实施]

1. 设备及材料准备

硅片分选设备、PVC 手套、工作台、硅片等。

2. 外观检测

① 对外观检测实施全检，即对全部生产的硅片外观逐件用肉眼进行检测，从而判断每一件产品是否合格，如图 8-1 所示。

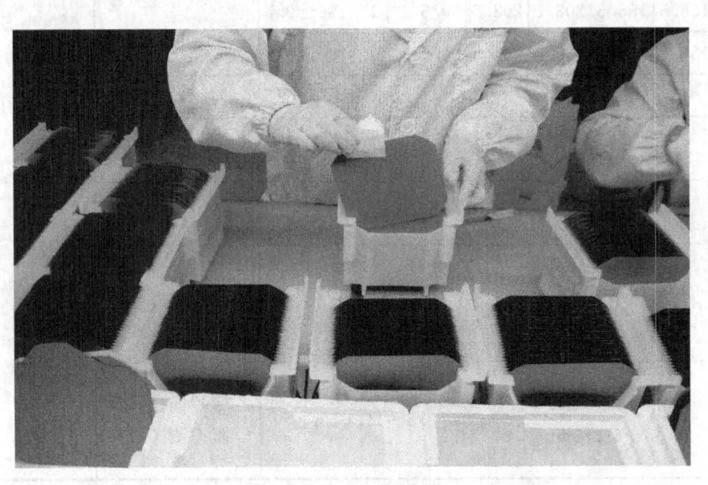

图 8-1　硅片外观检测

② 外观检测抽检部分包括应力、线痕、色差、穿孔、孪晶、污片、缺角等。具体全检与抽检过程如下：

a. 上下使用垫片，倒出硅片，实施抽检；

b. 当每盒抽检完毕后，用太阳能垫片上下隔开，累计 100 片对每个端面进行检验，如图 8-2 所示；

c. 以 100 片为整体，对端面检验（边缘、缺角），将其 100 片有序打开，检验边缘、污片，如图 8-3 所示。

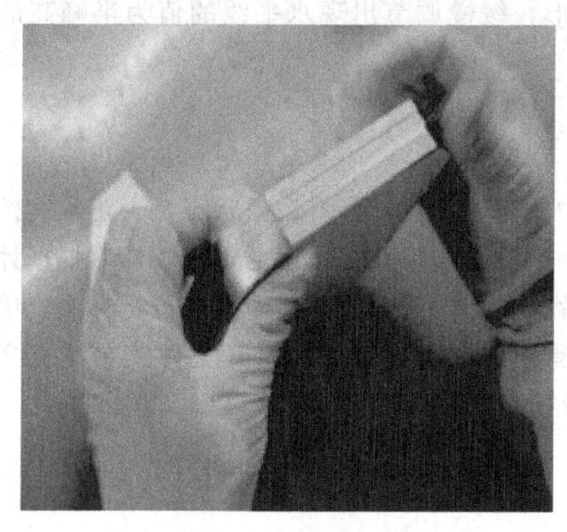

图 8-2　端面检测

图 8-3　污片检测

3. 电学及其他性能

检测的内容主要包括厚度、电阻率、尺寸及送检数据。一般采取抽检，加严时须全检。每个硅块抽取 200 片，用硅片分选设备对其导电类型、电阻率、厚度、TTV、少子寿命等进行检验。具体检验操作如下。

① 每个硅块抽取 200 片，用硅片分选设备对其导电类型、电阻率、少子寿命等进行检验。

② 在抽检的 200 片当中如果有 30 及 30 片以上硅片的导电类型、电阻率、厚度、TTV、少子寿命等不符合要求，则对该硅块所有的硅片用硅片分选设备进行检验，之后再对所有硅片进行外观上的检验。

③ 在抽检的 200 片当中如果只有 30 片以下硅片的导电类型、电阻率、厚度、TTV、少子寿命等不符合要求，则将已抽检的硅片判定为导电类型不符、电阻率不符等，该硅块其他硅片不再进行导电类型、电阻率、厚度、TTV、少子寿命等的检验，而是进行外观上的全检。

例如：如某一硅块理论切片数为 535 片，抽检了 200 片，当中有 29 片不满足相关要求，则将 29 片判定为导电类型不符、电阻率不符等，剩下的 171（200-29）片连同前面的 335 片（535-200）进行外观上的全检。

④ 少子寿命测试

a. 开启设备电源，这时设备进入自控状态，如不能通过自检程序，需同有关人员取得联络，如正常则按下 CLEAN 钮，清除自检信息，进入测量状态。

b. 设备需预热 30min。

c. 将待测硅片放入寿命仪的探头下，试片中央部位应正对探头，此时，在示波器显示屏上出现波形。

d. 调整水平、垂直拖进使波形处于屏幕中的部位，两条辅助线复合，且通过波形最高垂点。

e. 调整通用旋钮，使一条辅助线沿 X 轴向在运动到波形出现前的水平线上记下该值，并用该值除以 2 即为半峰高的值。

f. 调节通用旋钮，使辅助线向右到衰减波形，缓慢调节出现水平线的值为半峰高的值时，记下该值。该值乘以 1.4 即为少子寿命。

⑤ 硅片氧碳含量的测定

a. 开启测量设备（光学台、计算机）。

b. 开启测量程序 OMNIC。打开采集菜单中的试验设置，查看设备状态是否正常。按照计算机提示选择样品采集按钮，先采集本底，目的是扣除其他元素的干扰，然后根据计算机提示，将硅片样本放入光学台中，采集试片光谱。选择分析菜单，选取分析方法，单击分析，输入待测硅片实际厚度，按回车即可得出氧、碳含量值。打开文件菜单建立文件，然后将打印结果 COPY 到新建文件中，将结果打印出来。

c. 每次采集样品之前，都应采集本底。

d. 用千分尺精确测量试片的实际厚度。

e. 每次测试前先充氮气 3min。

f. 要求样品表面为光学平面。一般说来，表面质量越好，透射率越高，光谱质量越好，灵敏度和准确性也越高。

g. 校准片由专人保管、保存，须放在安全的地方，以免磕碰，要利于使用者使用。由于校准片表面质量对测试结果有很大影响，因此应保持清洁。

h. 曲线的校正

• 在测量一批试片的 O、C 含量时，需 4～5 片具有相同物理参数且已准确测定 O、C 含量的测试片作为标准。

• 开启 ECO 程序，选择 ADD APPLECATION，输入新方法的名称、应用、目录名。

• 选择已知含量的测试片中结果不高也不低的一片作为基准，将参数设置 O、C 校正曲线的斜率为 1，截距为 0，存盘确立方法。

• 以确定的方法测定 4～5 片测试片，结果可能与已知的结果不吻合，则调整 O、C 曲线的斜率和截距。

• 重复前 4 步，直至用此方法测定结果与已知结果非常接近，则此方法可以应用，曲线校正结束。

⑥ 硅片电阻率的测量

a. 开启主机电源开关，此时“5k”AUTO、DUAL、Ω、CM、MEAS 指示灯亮，预热 5min。

b. 根据所测校准片电阻率，选择电流量程，按下 500mA、5、50、500、5k 中相应的键。

c. 显示为校准片的实际电阻率。若显示值与样品标识值相同，方可进行测量。

d. 测薄片电阻率时，先用千分尺测量厚度并输入测试仪。测量时厚度务必准确测量，否则会影响测量准确度。要重复几次，概率最大的数值作为电阻率数值。

e. 样片应由专人保管、保存。样片应存放到安全的地方，以免磕碰，还要便于使用人使用。由于样片表面氧化会给测量值带来误差，因此应及时处理样片表面的氧化层，一般一星期一次用砂轮打磨即可。

⑦ 硅片导电类型的测量

a. 将电源与外部交流电源连接起来，务必使本机电源地线与外部交流电源线可靠连接，否则外部干扰因素会造成仪器不稳定。

b. 将三探针通过四芯电缆连接器与主机连接起来。

c. 打开主机电源开关，预热 0.5h 后方可进行测量。

d. 被测样品的测量面须洁净。若用整流法测试，应按下“整流法”选择键 R.M，这时对应的 LED 发亮，调节调零电器，使“P”、“N”显示器熄灭，调零指示表指针指示在中间，然后进行测量。测试须将三探针轻压在样品被测表面上，然后从主机直接显示测试结果。

e. 在测量过程中，应保证三根针都与被测面垂直接触，否则可能产生误判断。若采用热电动势法测试，应按下“热电动势法”选择键 T.E.M，这时对应的 LED 发亮，HEATING 指示灯发亮，表示热笔正被加热。当 HEATING 熄灭而 HEAT CON. 发亮时，表示热笔正被恒温；然后调节调零电位器，使“P”、“N”显示器熄灭，调零指示表指示在中间，再进行调试。测试时将冷热笔紧紧压在被测面上，然后从主机直接显示测试结果。

f. 测量过程中应注意零点的调整，否则会带来误差。

4. 分选机的使用规程

市场中使用的分选机种类很多，有 Manz、Fortix、Hennecke 等。分选机外形如图 8-4所示，本项目以 Fortix 分选机进行实例讲解。

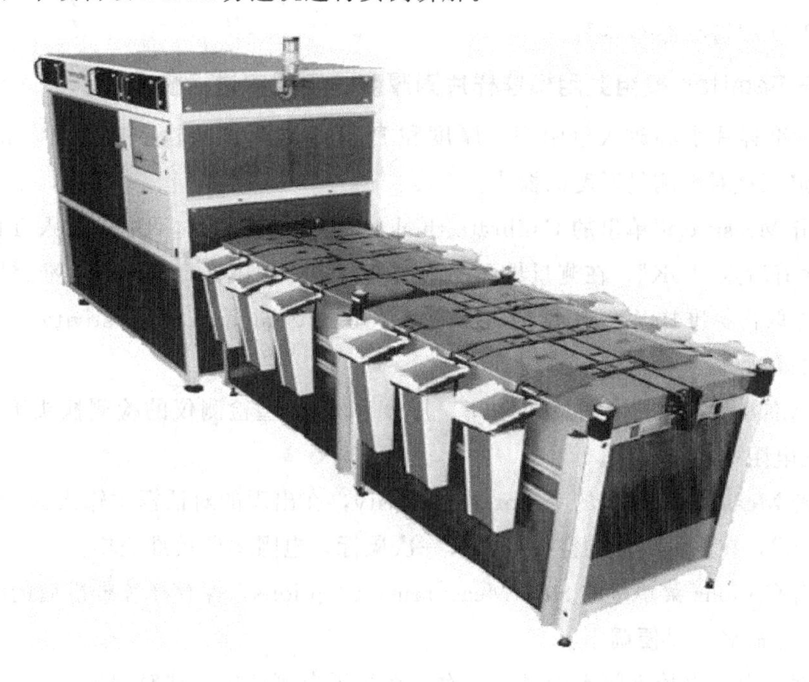

图 8-4　分选机外形

5. Fortix 分选机分选作业

(1) 设备及材料准备

一次性无尘手套、帽子、口罩、泡沫盒（单晶、多晶，包装规格 100 片/盒）、塑料垫片、标准样片。

(2) 开机检查

用气枪将设备内残留的硅片碎片清理干净。保证气阀呈开启状态，设备完好并已通电后，打开设备主电源开关。

(3) 开机

① Fortix 模组

a. 打开 Fortix 模组的电脑组主机和显示屏，双击 FXA7078 图标，出现 Fortix 操作界面。

b. 松开 Fortix 模组显示屏下的急停按钮，调用当天即将分选的硅片技术规格程序，再执行 99# 指令，使设备的所有马达复位。

② ICOS 模组。打开 ICOS 模组电脑主机和显示屏，运行 A4 软件，以 operator 身份登录系统，调用当天即将分选硅片的技术规格程序，再选择进入自动模式，点击开始按钮。

③ 点击“Fn+Backspace（2 次）+↓”，将 ICOS 模组测试硅片裂纹、隐裂的界面调出，调出硅片规格，保存晶体编号，点击开始按钮。

④ 打开 Semilab 少子寿命检测模组电脑主机和显示屏，当开机完毕后再打开 Semilab 厚度\电阻率和 P/N 型检测模组的主机，双击“short to cap”图标，出现 Semilab 厚度、电阻率及 P/N 型检测操作界面。

(4) 在 Semilab 模组上用标准样片对厚度、电阻率进行校准

① 将标准样片小心放入电阻率、厚度和 P/N 型检测仪的检测探头下，将 T1、T3、T5 三个划定区域对准测量厚度的探头。

② 点击 Measure 菜单里的 Calibrate thickness，在出现的对话框中输入 T1、T3、T5 的标准厚度值后点“OK”，在测量界面的空白处左击一次鼠标，厚度即校准完毕。

③ 小心取出标准样片，点击 Measure 菜单里的 Compensate resistivity，在界面空白处左击一次鼠标。

④ 将标准样片再次小心放入电阻率、厚度和 P/N 型检测仪的检测探头下，将 *R*1 划定区域对准电阻率检测探头。

⑤ 点击 Measure 菜单里的 Calibrate restivity，在出现的对话框中输入 *R*1 的标准厚度值后点“OK”，在测量界面的空白处左击一次鼠标，电阻率即校准完毕。

⑥ 点击 Options 菜单里的 Save Measurement Options，保存样片校准后的结果，以当天的日期进行命名，以便调用。

⑦ 厚度、电阻率校准频率为每天一次，在每天白班开始分选时完成。

(5) 设备稳定性和准确性检测

① 在 Fortix 分选仪上分选已知分类的硅片（5 张缺角、5 张气孔、5 张超厚、5 张超薄、5 张 TTV），检测设备的稳定性和准确性。

② 当确定设备稳定及准确后，点击 Semilab 软件中的 Clear 控件，新建以晶体编号为名的文件，设置保存路径。

(6) 少子寿命检测自动校准

① 点击“Fn+Backspace(2次)+↓”,将 Semilab 模组测试少子寿命的界面调出,设置数据保存路径。

② 将一张硅片放在少子寿命检测探头下,点击检测界面中的 Autoset 图标,系统将对少子寿命检测作自动校准。

(7) 运行软件

分别在 Fortix 模组、ICOS 外观检测模组和裂纹检测模组的操作界面中保存晶体编号,清空以前记录,运行 ICOS 检测软件。

(8) 运行硅片分选程序

① 将已放置塑料垫片的硅片泡沫盒安放到分选仪的硅片接片口,泡沫盒的缺口端对准输送带。

② 将装满硅片的片盒小心放至分选前的输送带,多晶最多每行 4 盒,单晶最多每行 5 盒,可放 2 行。

③ 点击 Fortix 模组操作界面中的“START”按钮,硅片即开始自动分选。硅片分选结果分为合格品、崩边、油污、TTV 超标/P/N 型不合格、电阻率不合格、少子寿命低、边长偏差、裂纹/缺角/隐裂和等外崩边。

④ 当每种分选接口的硅片集满 100 片时,机器会自动暂停,取出已集满的硅片,泡沫盒放回原处,点击离操作者最近的 Reset 按钮,设备即恢复分选。

⑤ 当一根晶棒的所有硅片分选完毕后,取出所有泡沫盒里的硅片分类存放,将空泡沫盒放回分选接口。

(9) 详细记录所有相关的表单

(10) 注意事项

① 分选操作时需戴口罩、一次性无尘手套。

② 仔细检查,防止良品与等外品交叉混淆。

③ 每分选一根晶棒即更换手套,不能用手接触油脂类物品,保持手套干净、无破裂,防止污染硅片。

④ 当分选仪出现报警时,必须立即查看报警原因并排查解决。

⑤ 不得随意设置分选仪已设定好的参数,检测镜头的焦距。

⑥ 分选机的输入与输出部分每天都要清理,小心输送带滑落。清理时要处于关机状态,关闭分选机时严禁直接关闭总电源。

⑦ 分选机的检测部分,现场员工禁止去清理。

⑧ 电脑桌面的文件夹不要乱打开,以免不小心错改了参数,严禁用 U 盘拷贝资料。

⑨ 在操作之前一定要先确认产品规格,然后按切换开关。

6. 检测与包装交接

检验员详细注明晶棒编号、电阻率、厚度、等级、数量、姓名等,每 100 片一包,将其合格硅片送往包装。

[任务小结]

序号	学习要点	收获与体会
1	硅片检测的项目	
2	氧、碳等杂质检测流程	
3	典型分选机操作工艺流程	

任务三 硅片包装

[任务目标]

(1) 掌握硅片的包装工艺。

(2) 熟悉硅片的入库流程。

[任务描述]

由于硅是脆性材料，而且硅片厚度仅为 200μm 左右，在硅片的包装过程中需要注意，以免出现碎片。本项目主要讲解各类型硅片的包装工艺。

[任务实施]

1. 称重

将检验员送至的硅片进行称重，并做好记录。记录称重的数据如图 8-5 所示。如重量有误差（以同一根晶棒相差 6g 为基准），应拿到数片机上进行验证确认。

图 8-5 称重

2. 数片机数片作业

(1) 开机程序

① 开启计算机开关。计算机主机放置于机台底部收纳柜中。

② 开启电机开关。开关位于载物平台右侧，将开关切至 ON。

③ 开启计算机屏幕。按计算机屏幕正下方的按钮。

④ 系统自动进入数片程序。当系统开启时，系统会自动进入数片主程序中，不需要人员进行点选开启。

⑤ 点选初始设定。在屏幕上的程序中点选初始设定。

(2) 数片操作程序

① 程序接口选择种类 wafer。点击 wafer 的数片操作，确认计数物料跟选项保持一致，以避免错误发生。

② 放置硅片至载物平台。将硅片放置于载物平台上，并往图中箭头标示方向推齐，如图 8-6 所示。

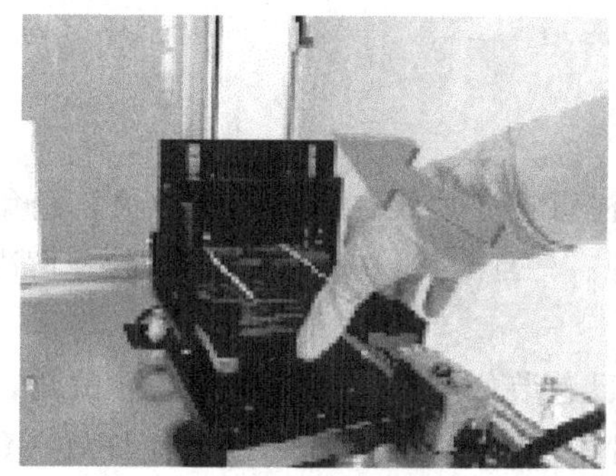 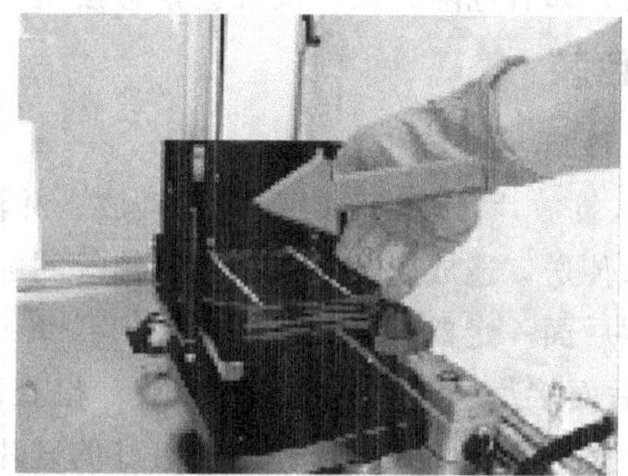

图 8-6 放置硅片

③ 往前方推齐，尽量贴齐前面两根柱子将有助于提升准确率。

④ 放上压放工具，如图 8-7 所示。同样尽量往前使其与柱子贴齐，一定要轻拿轻放。

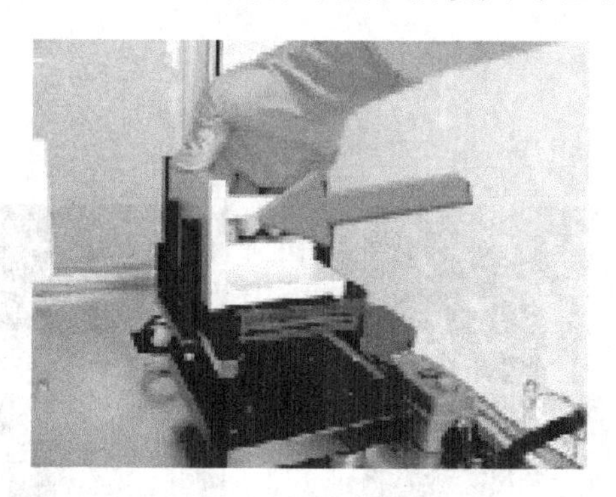

图 8-7 放置压放工具

⑤ 在计算机屏幕上点选开始数片。

⑥ 等待平台移动结束：当载物平台上下移动行程结束静止。

⑦ 程序显示结果。

⑧ 取回载物平台上的硅片。

(3) 确认数量

认真清点尾数，确保300PCS一盒。注意多片少片的问题，并确认片子的规格厚度、电阻率等方面的标识，防止片子混乱。对于等外品1类超厚200PCS为一盒，2类超厚150PCS为一盒。

(4) 关机程序

在计算机屏幕上点选关机，关闭计算机屏幕，关闭电机开关切换到OFF。

(5) 注意事项

① 在操作时，注意轻拿轻放。

② 零头组批成100片硅片包装，必须在数片机上点数。

③ 分选生产线上异常硅片需包装，必须在数片机点数。

④ 在放硅片前，必须先把硅片在桌面上理整齐后再放上平台。

⑤ 取硅片时，必须在载物平台前后两侧沟漕伸入后，将硅片扶起，尽量避免硅片与平台摩擦。平台尚未回到底部静止之前，勿将手或任何器物放入平台移动轨道中，以避免发生危险。如有危险，及时按红色紧急按钮。

3. 包装

(1) 放片与接片

① 认真放片。放片子时要轻拿轻放，并注意把硅片放在传送带正中央，避免硅片卡住，无法传送，造成崩边、缺角、碎片等问题。一旦卡住，按紧急按钮，快速解决。放片时要注意后面一定要有人接片。

② 后面接片。接片时要轻拿轻放。检查已包装好的硅片是否有崩边、缺角，薄膜是否完好，是否有杂物在内，并把包装好的硅片中的标签与合格证一一对应好放一盒。

(2) 打印标签

最主要要注意片子的物料编码、批次号、电阻率是否打错。

(3) 装彩板

如图8-8所示。

(4) 封口

如图8-9所示。

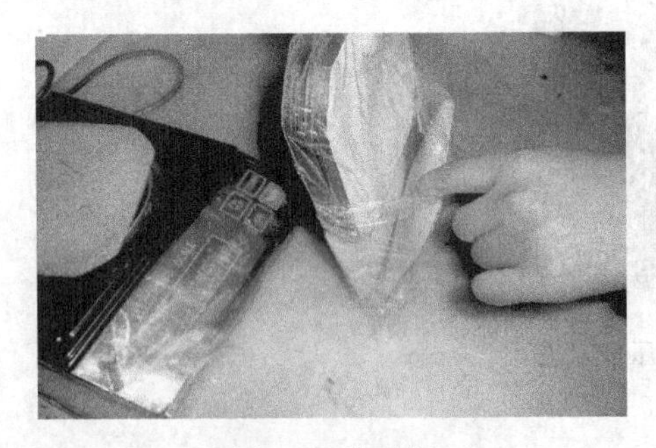

图8-8 装彩板

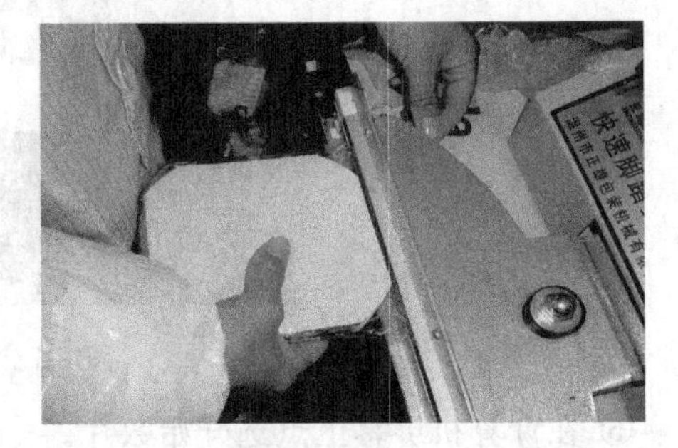

图8-9 封口

(5) 填写数据

根据小白纸内容对每100片详细填写相应数据，如图8-10所示。

(6) 不同参数的硅片不能混装

装盒过程中，电阻率、边宽、厚度等参数不同的硅片不能混片，确保相同情况的硅片放在一个盒子里面。一盒正常硅片为 300 片（备注：特殊样品除外，如仓库要求入的零数）。

(7) 每 100 片之间需要用珍珠棉隔开，两侧用泡沫片塞紧，避免硅片破损，最后用公司的厂标胶带封口封好，并正确贴好外标贴。

图 8-10 填写详细的数据

(8) 封盒

品管检测通过盖好确认章后，用珍珠棉片和保丽龙卡把硅片码紧，盖好盒子，贴好合格证，再用胶带封好封牢。特别注意要把粘胶面一段朝泡沫盒底放置，合格证上至少盖有两个 FQC 章。

(9) 放箱

把已封好的硅片盒放入箱中，一箱 6 盒，确保同一规格、种类、电阻率的硅片放置于一盒，且一箱中必须有一盒配一条涤纶带。

(10) 封箱

放满一箱写等级标签，把相应的规格、锭号、硅块号、日期、班次、数量、包装信息、电阻率写在等级标签上，并标明硅片的种类。品管检测盖确认章后，用胶带把箱子封好、封牢，再把等级标签贴在外箱上。

外包装箱应标有“小心轻放”及“防腐、防潮”字样，箱内有产品清单。外包装箱上贴有标签。外包装箱上的标签要求粘贴整齐美观、向上并朝同一方向。封口时，封口胶成十字形，并要求美观平整。

(11) 入库

外箱封好后轻轻搬运到对应标识的栈板上码整齐。注意码高不超过 5 层。

(12) 不良品的包装

不良品采用的是最原始的手工包装，包装过程中要注意把硅片包整齐，一盒 300PCS，共 6 扎，每一扎都用白纸隔开，每两扎要用珍珠棉片和白纸再隔开，再用珍珠棉片、保丽龙片码紧，品管盖好确认章后封好盒子，贴好标识。放箱时写好等级标签，把规格、不良种类、日期、部门班次、数量、判定状态写好，品管再次盖好确认章后封箱。

对于 2 类超厚不良 150PCS 为一盒，并 50 片用白纸与珍珠棉片隔开再码紧。

(13) 交接班

做好现场未包片的清点与登记工作。

[任务小结]

序号	学习要点	收获与体会
1	掌握硅片包装工艺	
2	熟悉硅片入库流程	

参考文献

[1] 康自卫，王丽．硅片加工技术．北京：化学工业出版社，2010.
[2] 张厥宗．硅片加工技术．北京：化学工业出版社，2009.
[3] 杨德仁．太阳能电池材料．北京：化学工业出版社，2010.
[4] 王长贵，王斯成．太阳能光伏发电实用技术．北京：化学工业出版社，2009.
[5] 邓丰，唐正林．多晶硅生产技术．北京：化学工业出版社，2009.